Mathis Camerer

Aus der Reihe: e-fellows.net stipendiaten-wissen

e-fellows.net (Hrsg.)

Band 440

Carcinogenese durch Viren

GRIN Verlag

Bibliografische Information der Deutschen Nationalbibliothek:

Die Deutsche Bibliothek verzeichnet diese Publikation in der Deutschen Nationalbibliografie; detaillierte bibliografische Daten sind im Internet über http://dnb.d-nb.de/ abrufbar.

Impressum:

Druck und Bindung: Books on Demand GmbH, Norderstedt Germany
ISBN: 978-3-656-20027-7

Dieses Buch bei GRIN:

http://www.grin.com/de/e-book/190494/carcinogenese-durch-viren

Inhaltsverzeichnis

Einleitung

Die Menschen werden älter. Und sie wollen immer älter werden. Beinahe täglich können wir in den Tageszeitungen von 100 - jährigen Geburtstagsfeiern rüstiger Senioren lesen. Wir leben im Zeitalter der Verjüngungskuren, Anti - Age - Cremes und des Fitnesskults. Sie, werter Leser, wollen womöglich auch alt werden? Für die Aussicht auf ein weitgehend gesundes Alter ist es sehr beruhigend, dass wir immer besser in der Lage sind viele Krankheiten zu besiegen. Jedoch steigert die erhöhte Lebenserwartung auch deutlich das Krebsrisiko und so ist die Bedeutung von Krebserkrankungen in den letzten Jahrzehnten gewachsen. Obwohl im Bereich der Forschung große Anstrengungen unternommen werden, diesem Sachverhalt Rechnung zu tragen, sind noch immer viele Probleme ungelöst. Und so stellt Krebs weiterhin eine zentrale medizinische und vor allem menschliche Herausforderung dar.

Ein wichtiger Ansatz zur Krebsprävention sind die Bemühungen, Infektionskrankheiten vorzubeugen, denn schätzungsweise 20 % der Krebserkrankungen können auf Viren zurückgeführt werden. Diese Arbeit wird sich mit den Mechanismen auseinandersetzen, die bei der Beteiligung von Viren an der Krebsentstehung eine Rolle spielen.

Ein so komplexes Gebiet bedarf einer fundierten Grundlagenschaffung in den allgemeinen Prinzipien der Carcinogenese. Deshalb widme ich diesem Thema einen erheblichen Teil meiner Arbeit.

Teil I

Molekulare Grundlagen der Carcinogenese

Kapitel 1

Carcinogenese - ein Mehrstufenprozess

Erst einmal sollten wir die Frage klären, was man eigentlich unter einem Tumor versteht.
Tumoren sind Gewebswucherungen, die entweder gutartig oder bösartig sein können. Allgemein versteht man unter einem gutartigen Tumor eine gewebsbegrenzte, unkontrollierte Zellvermehrung, während ein bösartiger Tumor auch in umgebendes Gewebe eindringt (Invasivität) und sich an anderen Stellen im Körper absiedelt (Metastasierung) (5, S.541). Bösartige Tumoren werden „Krebs“ genannt. Wenn es sich um gutartige oder bösartige Gewebswucherungen der B - Zellen handelt, heißen diese auch „Lymphom“, bösartige Tumoren der Epithelzellen tragen den Namen „Carcinom“. Epithelgewebe bedeckt einerseits Hohlräume und Kanäle innerhalb des Körpers wie z.B. den Gebärmutterhals, bildet aber auch die äußere Hautschicht des Körpers (7, S.28). Im engeren Sinne ist mit „Carcinogenese“ die Bildung eines Carcinoms, also eines Epithelzelltumors gemeint. Jedoch wird der Begriff „Carcinogenese“ auch allgemein für die Entstehung maligner Tumoren verwendet. In diesem letzterem Sinne wird der Begriff in meiner Abhandlung gebraucht.

1.1 Hautcarcinogenese bei Mäusen

Als Einführung betrachten wir Modelluntersuchungen an der Mäusehaut, die schon in den 40er Jahren im Zentrum experimenteller Forschung standen. Dabei wurde insbesondere die Rolle der carcinogenen polyzyklischen aromatischen Kohlenwasserstoffe (PAK) und von Crotonöl untersucht, welches stark hautreizende Verbindungen enthält. Bei diesem Versuch fand man heraus, dass durch das Aufpinseln einer einmaligen, niedrigen Dosis PAK auf die Mäusehaut keine Hauttumoren induziert werden konnten. Genauso vermochten durch mehrmaliges Aufpinseln von Crotonöl hervorgerufene Entzündungen keine Tumorentstehung zu verursachen. Vielmehr mussten beide Substanzen aufgetragen werden, und das in einer bestimmten Reihenfolge. So konnten gutartige Hauttumoren (Papillome) nur dann entstehen, wenn erst PAK und danach das Crotonöl verwendet wurden (4, S.194). Anfangs jedoch verschwanden die kleinen Tumoren nach Beendigung der Crotonölbehandlung immer wieder. Nachdem allerdings das Bestreichen der Papillome mehrere Wochen fortgesetzt wurde, konnte sich das Tumorwachstum verselbstständigen und eine weitere Stimulation mit Crotonöl war nicht mehr notwendig (siehe Abb. 1.1) .

Aus diesen Versuchsprotokollen wurde folgendes abgeleitet:
Die Entstehung eines Carcinoms bei Mäusen kann in 3 Stufen eingeteilt werden: Die Initiation durch PAK, die Promotion durch Crotonöl und die Progression.

- Stufe 1 : Initiation ($\approx$ Beginn, Anstoß) $\Leftrightarrow$ PAK rufen eine langlebige (nicht von den DNA - Reparaturmechanismen korrigierte) genetische Veränderung hervor.

- Stufe 2 : Promotion ($\approx$ Unterstützung, Beförderung) $\Leftrightarrow$ Crotonöl stimuliert die Zellproliferation, also Wachstum und Teilung der initiierten Zellen, da diese durch die Veränderung des Erbguts (Mutation) einen Wachstumsvorteil gegenüber den nicht - initiierten Zellen haben. Die Wirkung des Promotors beruht also auf einem reversiblen, nicht - genetischen Effekt. Der Promotor in diesem Modell darf nicht mit den DNA - Sequenzen verwechselt werden, welche die Transkription eines Gens regulieren und ebenfalls (Transkriptions -) Promotoren heißen.

- Stufe 3 : Progression ($\approx$ Weiterentwicklung) $\Leftrightarrow$ Stadium, bei dem durch eine zweite, von der ersten unabhängigen genetischen Veränderung das Zellwachstum nicht mehr vom Promotor abhängt (7, S.435 ff.).

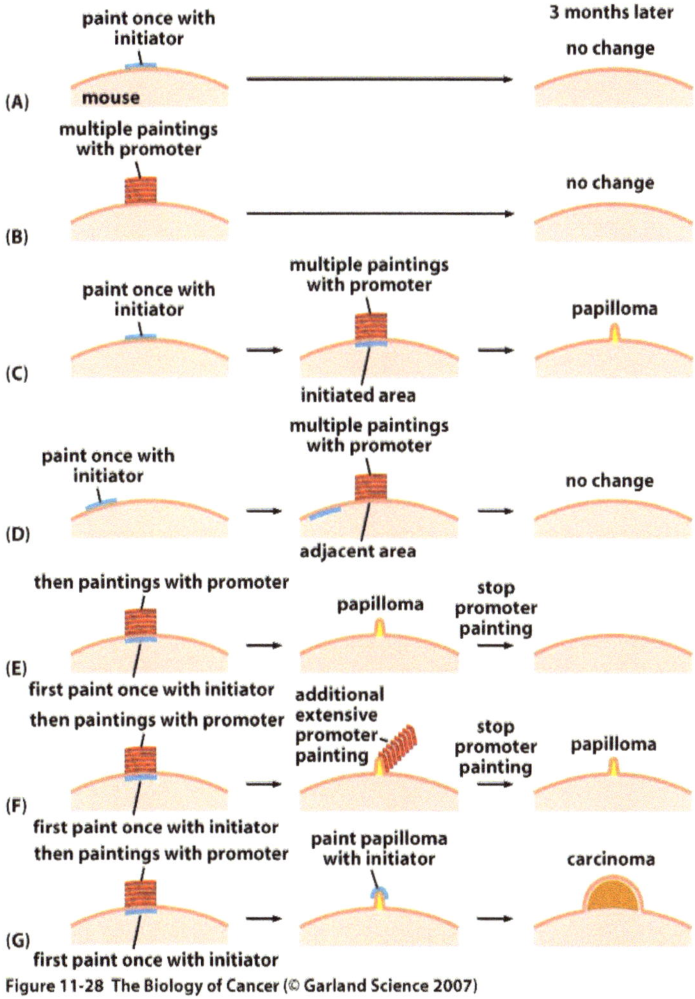

Abbildung 1.1: Protokolle zur Induktion von Hautkrebs bei Mäusen.

Dies konnte auch dadurch erreicht und beschleunigt werden, indem das Papillom erneut mit dem erbgutverändernden Initiator behandelt wurde und dadurch eine weitere Mutation entstand.
Der Begriff „Progression“ wird aber auch allgemein dazu verwendet, den mehrstufigen Entwicklungsprozess von einer normalen Zelle zur Krebszelle zu beschreiben. Dabei sind in der Regel deutlich mehr als zwei genetische Veränderungen notwendig.

Später konnte in weiteren Tierexperimenten nachgewiesen werden, dass die genannten 3 Stufen auch bei Tumoren anderer Organe vorliegen (4, S.194). Zwar kann von diesem Modell nicht zwingend auf analoge Mechanismen in der Carcinogenese beim Menschen geschlossen werden, jedoch lieferte es einen wichtigen Ausgangspunkt im Verständnis des mehrstufigen Krebsentstehungsprozesses. Im Folgenden wird an dieses Modell angeknüpft und der heutige Kenntnisstand über die Carcinogenese erläutert.

1.2 Tumorinitiation

Die Initiation repräsentiert eine irreversible, genetische oder epigenetische Veränderung in einem Gen. Eine epigenetische Veränderung ist dabei eine Abwandlung in der Genexpression (Transkription eines Gens) bzw. des Phänotyps, ohne dass sich die DNA - Sequenz ändert (z.B. Promotormethylierung).
Die betroffenen Gene sind in der gesunden Zelle für den geordneten Ablauf des Zellzyklus zuständig. Sie regulieren beispielsweise Zellteilung oder auch die Apoptose, den Mechanismus des programmierten Zelltodes, bei welchem beschädigte Zellen sich selbst zerstören. Eine wichtige Rolle in den erwähnten Prozessen spielen die sogenannten Tumorsuppressorgene und Proto - Onkogene.

1.2.1 Tumorsuppressorgene

Ein Tumorsuppressorgen definiert sich über die Konsequenzen, die ein Defekt dieses Gens auf den Organismus hat. So trägt der Ausfall eines Tumorsuppressors entweder direkt zur malignen Transformation bei oder begünstigt durch resultierende Fehlfunktion der DNA - Reparatur zumindest die Anhäufung von nicht reparierten Mutationen, was in einer Tumorbildung münden kann (4, S.97). Mit Transformation ist dabei der Umwandlungsprozess einer

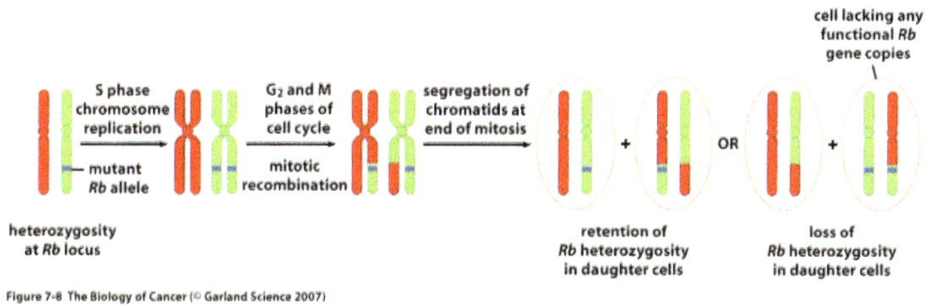

Abbildung 1.2: Verlust der Heterozygotie durch mitotische Rekombination am Beispiel des Tumorsuppressors Rb. Am Anfang dieses Vorgangs liegt das Gen Rb in zwei verschiedenen Genvarianten vor (Heterozygotie), einem intakten Allel und einem defekten. Genetisches Material kann nach der DNA - Replikation mittels Crossing - Over zwischen zwei homologen Chromosomen ausgetauscht werden. Mit 50 % - iger Wahrscheinlichkeit liegen am Ende zwei Zellen mit jeweils identischen Allelen des Gens vor (Homozygotie), also einmal mit zwei defekten und einmal mit zwei intakten Varianten.

normalen Zelle in eine Zelle gemeint, welche einige oder viele Merkmale einer Krebszelle besitzt (7, G:19). Die Inaktivierung eines Tumorsuppressor - Gens ist ein Beispiel dafür, dass die Initiation auch aus zwei oder mehr Teilschritten bestehen kann. Das liegt daran, dass der Ausfall einer Genkopie oft von der anderen Genvariante (Allel) auf dem homologen Chromosom so gut kompensiert werden kann, dass keine signifikanten Veränderungen auftreten. Aus diesem Grund müssen also beide Allele inaktiviert werden. Die erste Genkopie wird oft durch epigenetische Methylierung des Promotors oder durch eine Mutation stillgelegt, es kann aber auch schon ein nicht funktionsfähiges Allel vererbt worden sein (7, S.415). Im Normalfall ist die Wahrscheinlichkeit, dass beide Allele durch eine zufällige Mutation deaktiviert werden, extrem gering. Jedoch fand man heraus, dass nach dem Ausschalten der ersten Genkopie das zweite Allel mit einer vergleichsweise deutlich höheren Wahrscheinlichkeit stillgelegt wurde. Für das Abschalten der zweiten Genkopie sind normalerweise sogenannte „Verlust der Heterozygotie“ (LOH) - Vorgänge zuständig. LOH umfasst die Mechanismen mitotische Rekombination (siehe Abb. 1.2), Genkonversion, Verlust der das Gen beinhaltenden Chromosomenregion und fehlerhafte Chromosomensegregation während der Mitose. Bei der Genkonversion verwendet die DNA - Polymerase wie gewöhnlich einen Strang des

Chromosoms als Vorlage für die Synthese eines Tochterstrangs. Doch während der Replikation kann die Polymerase auf einen Strang des homologen Chromosoms springen und diesen als Vorlage für die weitere Synthese benutzen. Auf die gleiche Art und Weise kann die Replikation am ursprünglichen Strang fortgesetzt werden, wenn die DNA - Polymerase nach einiger Zeit wieder zurückspringt. Nun kann es vorkommen, dass die übersprungene Region der ursprünglichen Vorlage das funktionsfähige Tumorsuppressorgen beinhaltet und damit der zwischendurch synthetisierte Abschnitt des homologen Chromosoms das defekte Allel enthält. Somit kann die neu synthetisierte DNA ein in beiden Allelen deaktiviertes Tumorsuppressorgen enthalten, was zur Tumorentstehung beitragen kann (7, S.216 ff.).

1.2.2 Onkogene

Nicht nur Tumorsuppressoren, sondern auch sogenannte Proto - Onkogene können für die Tumorbildung ausschlaggebende genetische Veränderungen erwerben. Dabei handelt es sich um normale zelluläre Gene, die als Wachstumskontrolleure fungieren und damit in jedem gesunden Organismus eine unverzichtbare Rolle spielen. Infolge von Mutationen oder Aktivierung durch virale Sequenzen können sie sich aber in Onkogene umwandeln (genauere Behandlung in 2.4). Onkogene sind in der Lage, Zellen zu transformieren und damit maligne Tumoren zu induzieren (7, G:16 ff.). Sie spielen deshalb neben den Tumorsuppressorgenen eine entscheidende Rolle in der Carcinogenese. Proto - Onkogene können auf verschiedene Weise zu Onkogenen aktiviert werden:

- Mutationen im Transkriptionspromotor und/oder „im Gen selbst“. Die Aktivierung kann also sowohl durch (transkriptions)regulatorische als auch durch strukturelle Mechanismen erfolgen. Dabei reicht manchmal eine Punktmutation, d.h. die Veränderung einer einzigen Base (siehe Abb. 1.3).

- Integration von Virus - DNA in das Wirtszellgenom, wobei das Virus selbst ein Onkogen mitbringt oder durch regulatorische Sequenzen ein zelluläres Proto - Onkogen aktiviert (genauere Behandlung in Abschnitt 2.4).

- Chromosomale Translokation: Darunter versteht man eine Genortsveränderung, wodurch ein Proto - Onkogen unter den Einfluss aktivierender regulatorischer Sequenzen geraten kann. Ein Beispiel dafür wird in Abschnitt 3.3.1 behandelt.

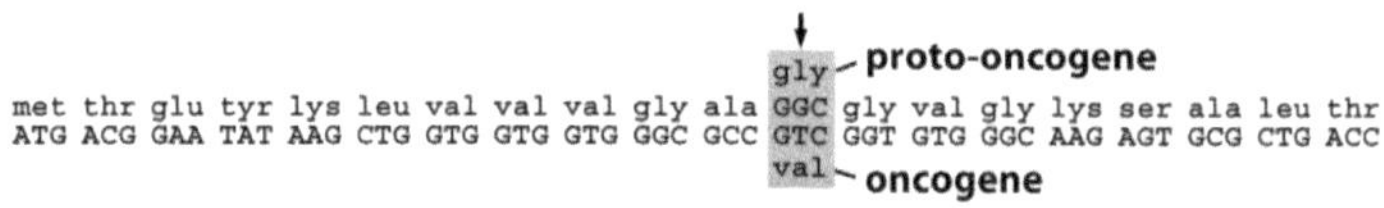

Abbildung 1.3: Zur Umwandlung des Proto - Onkogens ras in ein Onkogen ist nur eine Punktmutation nötig.

- Amplifikation von Genen: Ein genetischer Mechanismus, bei dem eine gewisse DNA - Region bevorzugt repliziert wird. Infolgedessen kann ein Gen in mehreren Kopien „nebeneinander" vorliegen und wird dann häufig stärker exprimiert, d.h. das aus dem Gen entstehende Protein wird in größerem Maßstab gebildet.

- Deregulierter Transkriptionsfaktor des Gens: Transkriptionsfaktoren sind Proteine, welche die Regulation eines Gens übernehmen, indem sie an den Transkriptionspromotor binden. Durch Veränderung des Transkriptionsfaktors kann die Expression des assoziierten Gens gesteigert werden (7, S.103 ff.).

1.2.3 Mutagene Faktoren

Mutagene sind Faktoren, welche Mutationen auslösen, also allgemein das Erbgut verändern können. Der menschliche Körper muss sich stets mit einer Vielzahl solcher Mutagene sowohl exogener („außen entstandener") als auch endogener („im Inneren erzeugter") Natur auseinandersetzen. Beispiele für exogene Faktoren sind chemische Carcinogene oder ionisierende Strahlung. Chemische Carcinogene werden meistens nach dem Eindringen in den Körper enzymatisch zu Produkten umgewandelt, welche durch chemische Reaktionen die DNA schädigen können. Dies kann nicht nur genetisch, sondern auch epigenetisch erfolgen, indem z.B. Basen alkyliert werden. Ionisierende Strahlen sind in der Lage, Elektronen freizusetzen oder sogenannte Reaktive Sauerstoffspezies (ROS, „reactive oxygen species") zu bilden, welche die DNA attackieren können. Zu den ROS gehören insbesondere das Hyperoxidradikal $\bullet O_2^-$, Wasserstoffperoxid $H_2 0_2$, und das Hydroxylradikal $\bullet OH$ (4, S.196). Diese Moleküle entstehen nicht nur bei Kontakt mit ionisierender Strahlung, sondern auch als Zwischenprodukte im Rahmen der Zellatmung in den Mitochondrien. So ist es möglich, dass diese Substanzen aus dem Mitochondrium entweichen und die DNA durch Oxidation von Nukleinbasen schädigen (7,

S.481). Wenn die ROS als Zwischenprodukte der Zellatmung anfallen, werden sie zu der Gruppe der endogenen Mutagene gezählt.
In den allermeisten Fällen können die Schäden vom DNA - Reparatursystem behoben werden, doch wie bereits angesprochen, kann manchmal schon eine nicht behobene Punktmutation zur Entstehung eines Onkogens führen. Gerade wenn bereits erbliche oder erworbene Mutationen vorliegen, die genetische Instabilität hervorrufen, ist die Initiation begünstigt (4, S.199). Genetische Instabilität beruht auf dem Versagen einer Reihe verschiedener Mechanismen, welche für die Integrität des Genoms verantwortlich sind. Dazu gehören beispielsweise ein defekter mitotischer Apparat oder fehlerhafte DNA - Reparatur. Dies kann zu numerischen Chromosomenaberrationen (Aneuploidie) und Genmutationen führen.
Entgegen der allgemeinen Meinung sorgen endogene Prozesse in viel größerem Maße für Mutationen als exogene Mutagene. So können, neben den bereits erwähnten ROS, auch Wasserstoff - und Hydroxidionen die DNA angreifen. Diese liegen in jeder gesunden Zelle in geringer Konzentration vor (7, S.479 f.). Die wichtige Rolle von endogenen Faktoren bei der Initiation und allgemein bei der Entstehung von Mutationen untermauert auch die Bedeutung der Tumorpromotion bei der Verhinderung der Tumorentstehung, da Mutationen, im Gegensatz beispielsweise zum Konsum von Ethanol (einem Promotor), nicht grundsätzlich vermeidbar sind.

1.2.4 Die unbegrenzt teilungsfähige Zelle - Zielscheibe von genetischen Veränderungen

Untersuchungen haben ergeben, dass Zellen mit hoher Teilungsfähigkeit der Hauptangriffspunkt für genetische Veränderungen sind. Dabei kann es sich um Stammzellen handeln, aber auch um schon weiter differenzierte Zellen, welche die Fähigkeit zu unbegrenzter Teilung erst im Laufe der Carcinogenese erlangt haben (Immortalisierung) (7, S.470). Die Wahrscheinlichkeit für die Initiation in bereits differenzierten Zellen ist gerade dann hoch, wenn z.B. Zellverluste aufgetreten sind, die zu einer kompensatorischen, proliferationsfördernden Reaktion führen. Auch bei Kindern ist die Wahrscheinlichkeit aufgrund des allgemein höheren Zellumsatzes größer (4, S.198).
Stammzellen sind in der Lage Tochterzellen zu erschaffen, welche sich in verschiedene Zelltypen ausdifferenzieren können. Außerdem besitzen sie die Fähigkeit, sich unbegrenzt zu teilen. Dieses Potenzial erhalten sie aufrecht, indem sich bei der Zellteilung neben einer weiter ausdifferenzierten sogenannten Tochterzelle eine zur Mutterzelle baugleiche Stammzelle bildet.

Während die neu gebildeten Stammzellen an ihrem Ursprungsort bleiben, können sich die Tochterzellen nun durch nochmalige, zahlenmäßig aber beschränkte Zellteilungen immer weiter ausdifferenzieren. So kann mithilfe dieser Tochterzelle durch eine einzige Teilung einer Stammzelle eine Vielzahl von ausdifferenzierten Körperzellen entstehen. Dies deckt sich auch mit der Beobachtung, dass Stammzellen groben Schätzungen zur Folge in manchen Geweben nur ca. 0.1 - 1 % der gesamten Zellpopulation ausmachen. Stammzellen müssen sich also nur relativ selten teilen, was den maßgeblichen Vorteil hat, dass sich in ihren Genomen nicht so leicht aus der DNA - Replikation resultierende Mutationen anhäufen können. Wenn Stammzellen in großem Maße Mutationen ausgesetzt wären, hätte das eklatante Folgen. Das veränderte Erbgut würde stetig an sich ebenfalls weiterteilende Tocherzellen weitergegeben werden und aus einer einzigen Stammzelle mit fehlerhaftem Genom würde sich eine immense Anzahl an fehlerhaften Tochterzellen formieren.
Im Gegensatz dazu haben sich differenzierende bzw. ausdifferenzierte Zellen nur eine begrenzte Lebenszeit. Mit dem Tod der Zelle verschwinden auch die Mutationen. Aus diesem Grund befinden sich an den mutationsanfälligsten Stellen im Körper auch immer hoch differenzierte Zellen. So sind beispielsweise die ausdifferenzierten Epithelzellen unserer äußeren Hautschicht einer Vielzahl von mutagenen Faktoren wie ultravioletter Strahlung ausgesetzt, während Stammzellen sich im Körper an anatomisch geschützten Stellen befinden (7, S.464 ff.). Es wird außerdem vermutet, dass Stammzellen auf Mutationen empfindlicher reagieren als sich differenzierende Zellen. Statt zu versuchen den genetischen Schaden zu reparieren, neigen sie eher dazu den programmierten Zelltod einzuleiten. Auch dies würde eine Anhäufung von Mutationen in Stammzellen verhindern (7, S.471). Trotz dieser Vielzahl an Schutzvorrichtungen lässt es sich jedoch nicht vollkommen verhindern, dass Stammzellen Opfer von genetischen Veränderungen werden und damit den Weg für die Entstehung eines malignen Tumors ebnen können.

1.3 Tumorpromotion

Die Tumorinitiation liefert einer Zelle oft nur einen sehr geringen Wachstumsvorteil, sodass sich nur langsam eine Zellpopulation mit der erworbenen Mutation im Genom entwickelt (4, S.197). Jedoch kann die Expansionsrate durch sogenannte Tumorpromotoren beschleunigt werden. Das Ausmaß der Tumorpromotion bestimmt also entscheidend die Wachstumsrate des Tumors.

1.3.1 Einfluss auf die zelluläre Expansionsrate

Tumorpromotoren können das Zellwachstum, insbesondere initiierter Zellen, auf verschiedene Weise beeinflussen:

- Promotoren können toxische Wirkung haben. Ein Beispiel dafür ist das bereits angesprochene Ethanol. Durch Genuss von alkoholhaltigen Getränken werden, einmal abgesehen von den Leberzellen, die Epithelzellen in Mund und Hals stark gereizt und sterben zum Teil ab. Als Gegenreaktion auf den Zelltod erhöht der Körper die Teilungsrate von Stammzellen, um den Zellverlust zu kompensieren. Dies eröffnet bereits initiierten Zellen nun die Chance zu expandieren.

- Promotoren können zellteilungsfördernde (mitogene) Wirkung haben. Steroidhormone wie Östrogen, Progesteron oder Testosteron haben solch einen Effekt. Bei der Frau induzieren Östrogen und Progesteron periodisch die Zellproliferation im Reproduktionsgewebe. In jedem Menstruationszyklus vollzieht sich dadurch sowohl eine proliferationsfördernde als auch eine proliferationshemmende Phase im Wachstum u.a. von Epithelzellen der Brustdrüse. In epidemiologischen Studien konnte festgestellt werden, dass bei erhöhter Rate von Menstruationszyklen auch das Risiko für Brustkrebs steigt, da bereits initiierten Epithelzellen der Brust die Möglichkeit gegeben wird zu expandieren. Hormone, die als Promotoren fungieren, sind im Gegensatz zu Agenzien wie Ethanol endogene Promotoren.

- Der dritte Mechanismus trägt der Beobachtung Rechnung, dass Tumorpromotoren selten rein toxische oder rein mitogene Wirkung haben. Meist wird die Promotion von Mechanismen befördert, mit denen eine chronische Entzündung einhergeht. Die Basis für eine chronische Entzündung liefert ein (chronischer) inflammatorischer Stimulus. Häufig wird diese Rolle von einem Infektionserreger eingenommen, welcher meist aufgrund seines Lebensszyklus auch eine cytotoxische Wirkung entfaltet. Ein Beispiel dafür ist das Hepatitis B - Virus (HBV), auf das in Abschnitt 2.5.1 noch näher eingegangen wird. Als Reaktion auf diesen Angriff werden sogenannte Entzündungszellen zum Ort der Entzündung rekrutiert, um den Stimulus zu bekämpfen. Entzündungszellen repräsentieren eine Reihe verschiedener Arten weißer Blutkörperchen. Sie sind für die Abtötung von Erregern, beschädigten und infizierten Zellen zuständig. Außerdem setzen sie einen komplexen „pathway" zur Synthese von anti - apoptotischen und zellteilungsfördernden Proteinen sowie von bestimmten Gewebshormonen in Gang, welche für das

Herausbilden diverser Krebszellphänotypen sorgen. Die genannten Eigenschaften (Erläuterung in Abschnitt 2.2) ähneln stark den Auswirkungen eines Onkogens auf eine Zelle. Jedoch handelt es sich hierbei interessanterweise um völlig verschiedene Mechanismen, auch wenn der Phänotyp bei der Wirkung eines Onkogens und der eines Tumorpromotors fast identisch ist (7, S.439 ff.). Nur bei einer chronischen Infektion hält dieser promovierende Zustand über einen längeren Zeitraum an, sodass sich initiierte Zellen vermehren können.
In diesem Beispiel lassen sich also Teile des Immunsystems für das Wachstum von Tumoren einspannen. Zu allem Überfluss setzen manche Entzündungszellen auch noch reaktive Sauerstoffspezies (siehe Abschnitt 1.2.3) ein, um den inflammatorischen Stimulus zu bekämpfen. Somit erhält die Entzündung, welche auf einem cytotoxisch agierenden Stimulus basiert, zur mitogenen auch noch eine mutagene Komponente.

Da der Phänotyp, der bei Wirkung eines Tumorpromotors entsteht, dem eines Onkogens (welches z.B. in der Initiation entstehen kann) sehr ähnlich ist, ist das Zusammenspiel zwischen Onkogen und Tumorpromotor wahrscheinlich vergleichbar mit der Kooperation zweier Onkogene. Daraus wird deutlich, dass initiierte Zellen nur solange von einem Promotor abhängen, bis weitere Mutationen andere Onkogene in den Zellen der nachfolgenden Generationen aktiviert haben. In diesem Moment wird die reversible Wirkung des Tumorpromotors nicht mehr zur weiteren Tumorentwicklung benötigt (7, S.451 ff.). Das erklärt auch, warum im Mäuseversuch in Abschnitt 1.1 das Crotonöl (der Promotor) ab einem gewissen Zeitpunkt nicht mehr gebraucht wurde.

Manche Faktoren können überdies sowohl initiierend als auch promovierend wirken. Sie werden „vollständige Carcinogene“ genannt. So haben beispielsweise mutagene Substanzen bei hoher Dosierung auch einen cytotoxischen Effekt, wodurch sie eine proliferationsfördernde Kompensationsreaktion hervorrufen und damit zur Tumorpromotion beitragen (4, S.197). Allerdings wird die Rolle dieser „vollständigen Carcinogene“ als eher gering eingestuft, da die meisten mutagenen Krebserreger in zu geringen Konzentrationen auftreten, um eine signifikante cytotoxische Wirkung zu entfalten (7, S.453). Letzteres untermauert die Bedeutung von reinen Tumorpromotoren, die zusätzlich zu den Initiatoren für die Carcinogenese erforderlich sind.

1.3.2 Bedeutung der Promotion

Die Tumorpromotion treibt auf unterschiedliche Art und Weise die Entstehung eines Tumors voran:

- Durch die klonale Expansion, also die Schaffung einer Vielzahl von genetisch identischen Nachkommenzellen aus einer Zelle, steigt statistisch die Wahrscheinlichkeit, dass eine zweite, normalerweise sehr unwahrscheinliche Mutation auftritt. Weitere Mutationen sind für die maligne Entwicklung unabdingbar.

- Durch erhöhte DNA - Replikationsrate steigt erstens allgemein die Wahrscheinlichkeit von DNA - Mutationen, da die Replikationsmaschinerie nie vollkommen fehlerfrei arbeitet. So werden durch die Förderung der Zellproliferation indirekt auch Mutationen begünstigt.
  Zweitens wächst damit die Wahrscheinlichkeit für LOH - Vorgänge (siehe Abschnitt 1.2.1), die während der Zellteilung auftreten. In diesem Fall kann - wie bereits thematisiert - das eine Allel die Fehlfunktion des anderen Allels nicht mehr kompensieren und das Tumorsuppressorprotein wird nicht mehr exprimiert(7, S.452 f.).

- Die Enden von linearen Chromosomen liegen als sogenannte Telomere vor, welche aus hochrepetitiven Sequenzen bestehen. Bei jeder Replikation verkürzen sich die Telomere, da das DNA-Fragment, an dem der letzte Primer ansetzt, nicht mehr repliziert werden kann. Durch die wiederholten Zellteilungen verkürzen sich die Telomere in den Stammzellen also immer weiter (5, S.203 ff.). Wenn die Telomerlänge eine gewisse Untergrenze unterschreitet, kommt es zu einer Reihe von Chromatidbrüchen und - fusionen und damit auch zu Mutationen (sog. „cell crisis“). Um Schlimmeres zu verhindern, induziert der Transkriptionsfaktor p53 nun normalerweise die Einstellung der Zellteilung und setzt den programmierten Zelltod in Gang. p53 ist ein Tumorsuppressor, der die Expression von Genen reguliert, welche als Antwort auf zellulären Stress wie z.B. DNA-Schäden einen Zellzyklus - Stopp oder Apoptose einleiten (2, S.107). Wenn jedoch Zellen kein funktionales p53 - Gen mehr besitzen, können viele von ihnen trotz der chaotischen Verhältnisse im Erbgut überleben, da keine Apoptose eingeleitet werden kann. Bei dieser Vielzahl an auftretenden genetischen Veränderungen ist die Wahrscheinlichkeit natürlich deutlich erhöht, dass sich unter den Genotypen auch tumorfördernde befinden. Somit steigt in der Abwesenheit von p53 die Wahrscheinlichkeit an Krebs zu erkranken, wenn die Telomere aufgrund von hoher Zellteilungsrate kritisch verkürzt werden (7, S.452 f.).

Als Folge dieser obengenannten Gründe spielt die Tumorpromotion insbesondere bei der Geschwindigkeit der Tumorentstehung eine entscheidende Rolle. So können zwar auch ohne Promotor Zellen an verschiedenen Stellen im Körper auf kurz oder lang einen tumorähnlichen Phänotyp annehmen, jedoch wird in den meisten Fällen an keiner Stelle die Entwicklung wirklich soweit fortschreiten, dass sich ein voll etablierter, feststellbarer Tumor bildet.

1.4 Tumorprogression

Wie bereits thematisiert, wird der Begriff „Tumorprogression“ in unterschiedlichen Zusammenhängen verwendet. Im Mausversuch wurde damit die durch eine Mutation erreichte Unabhängigkeit des Zellwachstums von einem Tumorpromotor bezeichnet. Im Mehrstufenmodell der Carcinogenese (siehe Abb. 1.4), einer Erweiterung des Hautcarcinogenesemodells (siehe Abschnitt 1.1), definiert die Tumorprogression das Stadium nach Initiation und Promotion, mit welchem der Übergang von einem gutartigen zu einem malignen Tumor einhergeht. Jedoch wird auch allgemein die vielstufige Entwicklung einer normalen Zelle in eine Tumorzelle „Progression“ genannt. Auf die letzteren beiden Aspekte, den allgemeinen Prozess des Entstehens einer Tumorzellpopulation und speziell auf den Übergang eines Tumors vom benignen in den malignen Zustand, wird im Folgenden eingegangen.

1.4.1 Progression nach dem Darwinschen Modell

Wie das Wort „Mehrstufenprozess“ schon impliziert, ist ein einziges Onkogen oder gar eine einzige Punktmutation nicht in der Lage, eine normale Zelle in eine Tumorzelle umzuwandeln. Vielmehr ist eine Reihe von genetischen und epigenetischen Veränderungen für die maligne Progression notwendig. Auffällig ist dabei, dass in Tumorzellgenomen meist deutlich mehr inaktivierte Tumorsuppressorgene als aktivierte Proto - Onkogene vorliegen (7, S.409).
Entscheidend für die Entstehung einer Tumorzellpopulation, welche mehrere Mutationen und epigenetische Veränderungen beinhaltet, ist das Prinzip der Evolution. Während Darwin seine Theorie auf Organismen innerhalb einer Art bezog, welche miteinander im Wettbewerb stehen, existiert bei der Krebsentstehung eine Konkurrenzsituation zwischen Zellen innerhalb einer Zellpopulation. Zufällige Mutationen, welche ein essentielles Standbein der Evolution darstellen, sorgen nicht nur für genetische Variabilität, sie können auch zu Wachstums - oder Überlebensvorteilen bestimmter Zellen führen. Dies liegt daran, dass Mutationen in Tumorsuppressoren oder Onkogenen

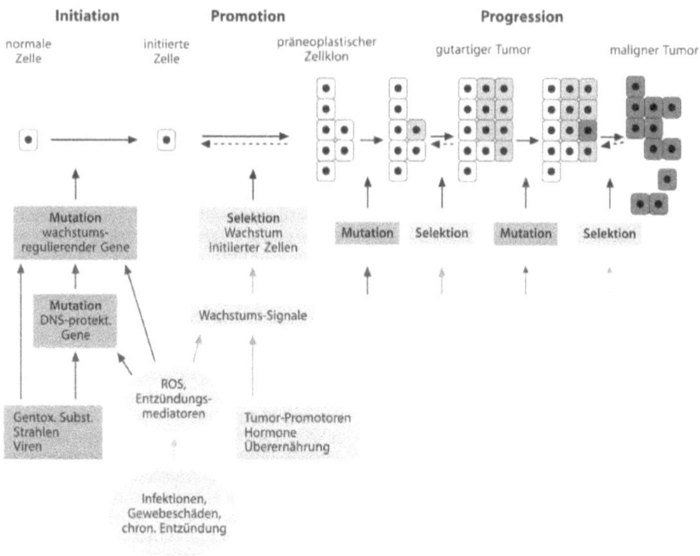

Abbildung 1.4: Das Mehrstufenmodell der Krebsentstehung.

in einer effektiveren und stärkeren Proliferation resultieren können. So werden die genetisch nicht bevorzugten Zellen mit der Zeit verdrängt und die Population mit Wachstumsvorteil wächst immer weiter, woraufhin die Wahrscheinlichkeit für eine weitere zufällige Mutation in diesem Zellklon (Gruppe genetisch identischer Zellen) steigt. Aus diesem Grund kann es zu einer erneuten Mutation innerhalb der bereits mutierten Population kommen, mit der ein erneut gesteigerter Wachstumsvorteil einhergehen kann. Es folgt wieder die Phase der Selektion bzw. Expansion, bei welcher der bevorzugte Zellklon die Überhand über wachstumstechnisch weniger begünstigte Zellen gewinnt (siehe Abb.1.5).
Auf diese Weise kann sich eine Reihe von Mutationen innerhalb einer Zellpopulation anhäufen, was zur Entstehung von Tumorzellen führen kann, wenn genügend Tumorsuppressoren augeschaltet und Onkogene entstanden sind. Jedoch können wegen der relativen Seltenheit von Mutationen zwischen zwei entscheidenden Mutationen Jahre oder Jahrzehnte liegen (7, S.414 ff.).
Allerdings werden die Tumorzellgenome mit fortschreitender Tumorprogres-

sion instabiler, weshalb die Mutationsrate ansteigt. Dies liegt unter anderem an der Mutation von Komponenten der DNA - Reparatur (7, S.424)). Irgendwann übersteigt deshalb die Geschwindigkeit der genetischen Veränderungen die der Selektion, d.h. der Eliminierung der genetisch „schwächsten" Zellen. Daher koexistieren in einem Tumor viele voneinander genetisch verschiedene Zellen (siehe auch Abb. 1.6). Aus diesem Grund haben Tumoren in verschiedenen Patienten zum Teil signifikant unterschiedliche Genotypen (7, S.421 ff.), was sowohl die Erkennung der für die Tumorentstehung entscheidenden genetischen Veränderungen erschwert, als auch die Tumortherapie.

Allerdings ist es sehr schwierig das Darwinsche Modell zu verifizieren, da man

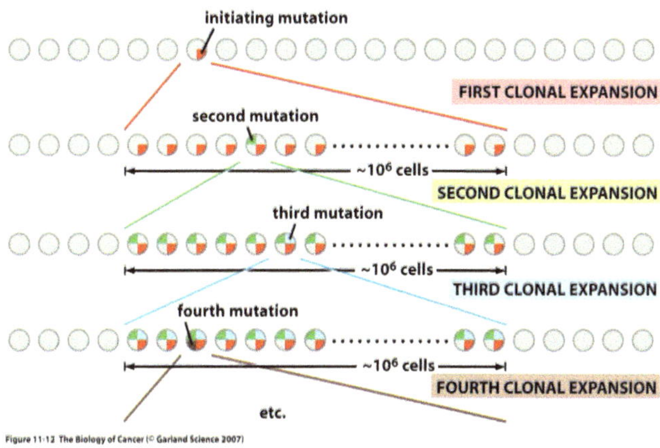

Abbildung 1.5: Das Darwinsche Modell. Die Häufigkeit einer zufälligen Mutation beträgt 10^{-6}, deshalb wird die Größe der Zellpopulation vor der nächsten Mutation beispielhaft mit 10^6 angenommen.

die entscheidende Veränderung in jedem „Schritt" des Mehrstufenprozesses unter der immensen Anzahl von genetischen und epigenetischen Aberrationen in Tumorgenomen herausfiltern müsste. Dieses Problem soll in Zukunft von einem Krebsgenomatlas („The Cancer Genome Atlas") gelöst werden, der sich momentan in der Pilotphase befindet. Durch extensive Untersuchung einer Vielzahl von Krebsgenomen sollen die „treibenden" Mutationen ausfindig gemacht werden. Um die fünfzig häufigsten Krebsarten genetisch zu charakterisieren, könnte der Sequenzierungsaufwand mehr als 10.000 Humangenom-

projekten entsprechen, ein abenteuerliches Vorhaben (P).
Ein weiteres Problem besteht darin, dass noch sehr wenig über die Geschwindigkeit und relative Häufigkeit von Mutationen pro Zellgeneration einzelner Schritte der Progression bekannt ist. So kann es vorkommen, dass manche entscheidende, die Progression aufhaltende Schritte übersehen werden, weil sie vergleichsweise schnell ablaufen (7, S.423 f.). Diese Problematiken zeigen deutlich auf, wie weit wir noch davon entfernt sind die Carcinogenese zu verstehen.
Zu den Überprüfungsschwierigkeiten kommen auch noch allgemeine Schwächen des Konzepts hinzu. So werden beispielsweise epigenetische Veränderungen durch die Anlehnung des Modells an den Evolutionsprozess vernachlässigt, da die Epigenetik nach heutigem Wissensstand beim Vorantreiben der Evolution einer Art bzw. Zelle keine Rolle spielt. Jedoch spielen epigenetische Prozesse eine wichtige Rolle beim Ausschalten von Tumorsuppressorgenen (v.a. durch Promotor - Methylierung). Eine weitere potentielle Einschränkung des Modells könnte sich daraus ergeben, dass eine Mutation in einer Zelle eventuell nur selten zur Ausbildung eines neuen Zellklons führt, welcher die neu erworbene Mutation trägt. Diese Vermutung beruht auf der Hypothese, dass nur ein Bruchteil der Zellen in einem Tumor teilungsfähig ist und folglich nur Mutationen in diesen Zellen auch wirklich an Tochterzellen weitergegeben werden können. Auf dieser Annahme beruht das sogenannte Krebsstammzellenmodell, dessen Relevanz im nächsten Abschnitt näher erläutert wird.

1.4.2 Krebsstammzellen vs. Klonale Evolution

Zur Zeit beschäftigt sich die Krebsforschung intensiv mit dem Thema, wieviele Zellen bei welchen Krebserkrankungen in welchem Ausmaß zum Tumorwachstum beitragen. Im bereits erwähnten Modell, welches auf Krebsstammzellen basiert, hängt das Tumorwachstum nur von einem Bruchteil der Zellen innerhalb eines Tumors ab („Cancer Stem Cell Model", CSCM). In einem anderen Modell hingegen trägt der Großteil der Tumorzellen zum Wachstum bei („Clonal Evolution Model", CEM). Weitere Erkenntnisse auf diesem Gebiet würden vor allem zur gezielteren Tumortherapie beitragen, da gerade Zellpopulationen, die mutmaßlich Krebsstammzellen enthalten, sich hartnäckiger gegenüber Bestrahlung und Chemotherapie verhalten. Auch Rückfälle, also das Wiederauftreten von Tumoren, werden mit Krebsstammzellen in Verbindung gebracht, da diese aufgrund ihres unbegrenzten Teilungspotenzials schnell wieder eine große Tumorzellpopulation bilden können.

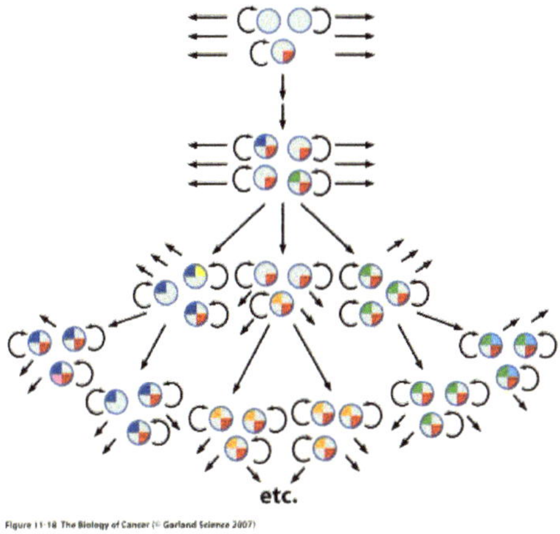

Abbildung 1.6: Klonale Diversifikation beim Krebsstammzellenmodell. Die Farben repräsentieren verschiedene Mutationen. Aufgrund von hohen Mutationsraten bilden sich innerhalb eines Tumors viele voneinander genetisch verschiedene Zellpopulationen. Doch werden im CSCM nur die Mutationen in Stammzellen (mit runden Pfeilen) weitervererbt. Die nach außen zeigenden Pfeile repräsentieren die Produktion der zahlenmäßig überwiegenden weiter ausdifferenzierten Zellen, wobei Mutationen in diesen zumeist nicht weitervererbt werden.

Im Allgemeinen wird angenommen, dass in verschiedenen Tumortypen jeweils ein Zustand zwischen den beiden „extremen" Modellen vorliegt. Während die chronisch myeloische Leukämie, eine Form von Blutkrebs, als ein Musterbeispiel für das CSCM gilt, wird für (fast) alle Arten von Lymphzelltumoren wie z.B. dem Burkitt - Lymphom (Behandlung in Abschnitt 3.3) ein Tumorwachstum nach dem CEM vermutet. Grundsätzlich wird zum jetzigen Zeitpunkt davon ausgegangen, dass das CEM für die meisten Tumoren eher zutrifft, folglich alle Zellen in die Therapie einbezogen werden müssen, anstatt zu versuchen speziell Krebsstammzellen zu attackieren (L). Es ist wichtig zu beachten, dass beide Modelle keine Aussage darüber machen, aus welcher Zelle sich ursprünglich der Tumor entwickelt hat. Außerdem stehen sie nicht im Widerspruch zum Darwinschen Modell.

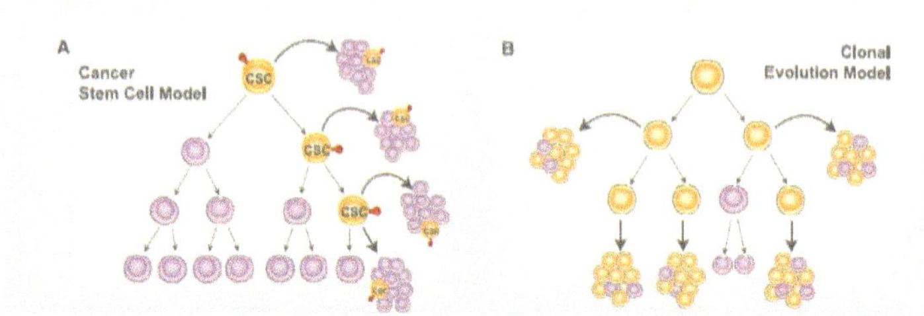

Abbildung 1.7: Modelle des Tumorwachstums. Die Zellen, welche das Tumorwachstum bestimmen, sind gold gefärbt. Die violett gefärbten Zellen haben nur begrenztes Teilungspotenzial.

1.4.3 Kennzeichen von Krebszellen

Wir haben bereits eingangs erfahren, dass die sogenannte Transformation einer Zelle den Umwandlungsprozess einer normalen Zelle in eine Zelle bezeichnet, welche einige oder viele Merkmale einer Krebszelle besitzt. Doch welche Eigenschaften haben Krebszellen? Wie kann man Krebszellverbände also - neben „offensichtlicher" Kennzeichen wie unorganisierter Gewebsstruktur und zellbiologisch abnormalen Zellen - auf molekularer Ebene von normalen Zellen unterscheiden?
Untersuchungen verschiedener Krebsarten konnten folgende Merkmale von Krebszellen identifizieren :

1. Reduzierte Abhängigkeit von exogenen, zellteilungsfördernden (mitogenen) Wachstumsfaktoren :
   Krebszellen verstärken externe Wachstumsstimuli oder setzen eigene zellteilungsfördernde Signale frei.

2. Erworbene Widerstandsfähigkeit gegenüber Wachstumsinhibition :
   Krebszellen werden resistent gegenüber wachstumshemmenden Signalen aus dem umgebenden Gewebe.

3. Immortalisierung (unbegrenzte Teilungsfähigkeit) (siehe Abschnitt 1.2.4).

4. Herabgesetzte Empfindlichkeit gegenüber Apoptose (Def. in Abschnitt 1.2).

5. Fähigkeit zur Ausbildung neuer Blutgefäße :
   Krebszellen senden Signale zur Bildung von neuen Gefäßen (Angiogenese) aus, durch welche sie mit Sauerstoff und Nährstoffen versorgt werden.

6. Invasivität und Fähigkeit zur Metastasierung :
   Krebszellen sind in der Lage sich über Signale und Kräfte hinwegzusetzen, welche das Eindringen eines Tumors in das umliegende Gewebe (Invasivität) und die Absiedlung an anderen Stellen im Körper (Metastasierung) unter normalen Umständen verhindern.

7. Die Fähigkeit, das Immunsystem zu umgehen (noch wenig erforscht).

   Ein weiteres Merkmal trifft wahrscheinlich auch auf die meisten Tumoren zu :

8. Erwerben von genetischer Instabilität (Def. in Abschnitt 1.2.3) :
   Wir haben im Rahmen des Darwinschen Modells festgestellt, dass für die Akkumulierung einer Vielzahl von Mutationen innerhalb einer Zelle die Mutationshäufigkeit deutlich erhöht sein muss. Dies kann nur mit genetischer Instabilität erreicht werden.

Diese obengenannten Merkmale müssen also im Laufe des Mehrstufenprozesses der Carcinogenese erlangt werden. In einem vereinfachten Modell könnte man jeder Stufe der Progression eine genetische oder epigenetische Veränderung zuordnen. Bei genauerer Betrachtung werden aber viele Attribute durch eine Kooperation von mehreren Genen bzw. genetischen Veränderungen erreicht, und gleichzeitig können manche Krebsgene auch mehrere Merkmale hervorbringen. Wie verschiedene Genveränderungen in Laborexperimenten zur Transformation einer Zelle beitragen, ist in folgender Grafik veranschaulicht.

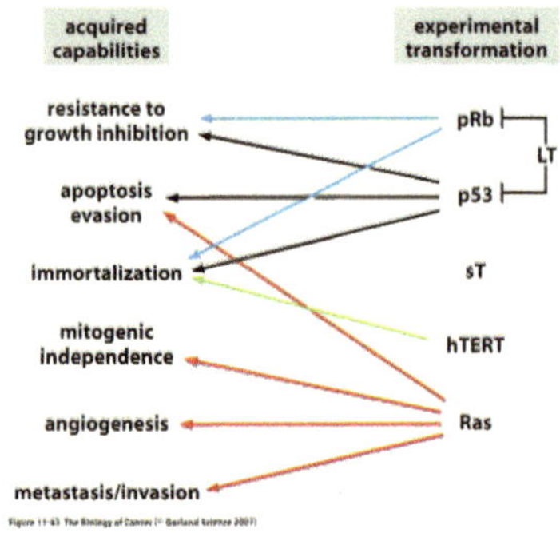

Abbildung 1.8: Genotypen vs. Phänotypen bei Krebszellen

Mit LT ist in dieser Grafik das sogenannte Large T - Antigen des Simian Virus 40 gemeint, ein Protein, dessen Transformationsfähigkeit auf der Störung der Tumorsuppressoren p53 und Rb beruht. Während hTERT, die katalytische Untereinheit der Telomerase (nähere Betrachtung in Abschnitt 4.3.1), als Phänotyp nur eine Immortalisierung hervorruft, führt die Einbringung des Onkoproteins Ras in humane Zellen zur Erlangung gleich mehrerer charakteristischer Fähigkeiten. Ras ist deshalb ein sogennantes pleiotropes Gen. Wie wir sehen ist also eine „1 zu 1“ - Zuordnung von Genen zu phänotypischen Merkmalen nicht möglich.

Eine andere Herangehensweise ist, statt jeder Progressionsstufe ein Gen zuzuordnen, den einzelnen Schritten jeweils eine Deregulation eines Regelkreises (z.B. mitogener Regelkreis) zuzuweisen, welcher das Leben der Zelle steuert. Obwohl bis heute noch nicht genau bekannt ist, wie verschiedene gestörte Regelkreise zusammenwirken, um die jeweiligen Krebszellmerkmale zu erlangen, ist die Krebsforschung optimistisch, dieses Problem innerhalb der nächsten Jahrzehnte zu lösen (7, S.458 ff.).

1.4.4 Der Einfluss des Alters

Aus epidemiologischen Studien ist bekannt, dass das Alter eine wichtige Rolle bei der Tumorentstehung spielt. Beispielsweise ist in den USA das Risiko, an Darmkrebs zu erkranken, bei einem 70 - Jährigen tausendmal größer als bei einem Zehnjährigen. Das liegt daran, dass die Entwicklung der meisten Krebsarten Jahre, wenn nicht gar Jahrzehnte in Anspruch nimmt. Mit dem Alter steigt die Wahrscheinlichkeit, dass sich Mutationen im zellulären Genom von langlebigen Zellen anhäufen. Meist jedoch stirbt der Mensch an einer anderen Krankheit, bevor sich die initiierten oder in der Progression bereits weiter fortgeschrittenen Zellen in einem malignen Tumor äußern. Wie bereits in der Einleitung angeklungen, nimmt jedoch aufgrund von erhöhter Lebenserwartung und besseren Heilungsmöglichkeiten diverser anderer Krankheiten die Rolle von Krebserkrankungen in unserer Welt stetig zu (7, S.400 ff.).

Mit diesen Worten schließen wir den allgemeinen Teil der Krebsentstehung ab und widmen uns nun speziell der Rolle von Viren in der Carcinogenese.

Kapitel 2

Mechanismen der viralen Carcinogenese

2.1 Verschiedene Infektionsarten und deren Auswirkungen auf die Zelle

Viren sind Zellparasiten, die über keinen eigenen Stoffwechsel verfügen und für ihre Vermehrung auf eine Wirtszelle angewiesen sind. Bevor wir näher auf die Mechanismen der viralen Zelltransformation eingehen, betrachten wir verschiedene Möglichkeiten der Zellinfektion.

Bei einer lytisch - produktiven Infektion wird im Laufe des Infektionszyklus eine Vielzahl von Nachkommenviren gebildet. Hiernach wird die Zellmembran aufgelöst (Lyse), die Viruspartikel können den zerstörten Wirt verlassen und neue Zellen infizieren. Aufgrund der Lyse der infizierten Zellen bietet dieser Infektionsweg nur geringes Transformationspotenzial.

Bei einer abortiven Infektion hingegen kann die Zelle zwar infiziert werden, allerdings ist keine virale Reproduktion möglich. Dies liegt entweder daran, dass die virale Replikation in diesem Zelltyp schlicht nicht möglich ist oder dass ein defektes virales Gen die Vermehrung verhindert. Jedoch kann mit geringer Wahrscheinlichkeit die Virus - DNA in das Wirtsgenom integriert werden, was zu Strukturveränderungen und zu langfristiger Einflussnahme des Virus auf die Zelle führen kann.

Eine unter Tumorviren sehr verbreitete Infektionsart ist die sogenannte persistierende Infektion. Ihre Merkmale sind eine lang andauernde Infektion, wobei das Virus nicht oder erst spät aus dem Organismus beseitigt werden kann. Die Ausbildung einer persistierenden Infektion beruht auf einer Vielzahl von Mechanismen, von denen wir später noch einige kennenlernen werden, wenn die Krankheitsbilder des Epstein - Barr - Virus (EBV) und der Humanen Papillomaviren (HPV) in Teil II dieser Arbeit näher erläutert werden. Doch zwei virale Mechanismen seien hier schon genannt: Die Hemmung bzw. Umgehung von Apoptose und Immunsystem (Q6), zwei wichtige Kennzeichen von Krebszellen, welche hier mithilfe von Viren verwirklicht werden. Die persistierende Infektion kann in zwei verschiedene Typen untergliedert werden:

- Bei der latenten Infektion werden keine Viruspartikel gebildet. Gleichzeitig wird auch die Expression von viralen Genen auf ein Minimum heruntergefahren. Das hat den entscheidenden Vorteil, dass dadurch dem Immunsystem keine Antigene präsentiert werden, was eine Immunreaktion gegen die infizierten Zellen ausschließt (O). Trotzdem bleiben noch wenige (oder auch nur eines) Regulatorgene aktiv, welche in den Zellzyklus eingreifen können. Während dieser Phase wird die Virus - DNA gekoppelt mit der Wirtszell - DNA repliziert. Durch gewisse Stimuli kann das Virus von Zeit zu Zeit wieder reaktiviert werden und eine lytisch - produktive Replikation einleiten (Q5). Ein Vertreter dieses Infektionstypen ist EBV. Die latente Infektion ist nicht zu verwechseln mit der Latenz - oder Inkubationszeit eines Virus, welche die Zeit zwischen Primärinfektion und ersten Symptomen angibt.

- Der andere Typ der persistierenden Infektion ist die chronische Infektion. Im Gegensatz zur Latenz werden hier durchgehend Viruspartikel gebildet. Doch nichtsdestotrotz kann der Organismus in diesem Fall das Virus erst spät bzw. gar nicht vollständig eliminieren. Ein Beispiel hierfür ist die Infektion mit dem Hepatitis B - Virus (HBV).

Manche Viren verfügen abhängig vom befallenen Zelltyp über verschiedene Infektionsmuster. Beispielsweise findet in mit EBV infizierten Epithelzellen eine lytisch produktive Replikation statt, während B - Zellen latent infiziert werden (Q5). Deshalb ist die Virusproduktion in B - Zellen nur sehr gering, jedoch wird mithilfe der Latenz eine langfristige Infektion des Organismus gewährleistet.

2.2 *In vitro* - Transformation durch Viren

Erst einmal zur Begriffserklärung: *In vitro* bedeutet, dass etwas in einer Zellkultur oder im Reagenzglas stattfindet, also außerhalb eines Organismus. Bei *in vivo* - Methoden wird hingegen mit lebenden Organismen, z.B. mit Mäusen gearbeitet. Da transformierte Zellen *in vivo* nur sehr schwer ausgemacht werden können, sind *in vitro* - Studien ein wichtiges Modellsystem zur Untersuchung von Tumorviren (O). Häufig werden im Rahmen dieser Untersuchung Nagetierzellen verwendet, welche mit Viren oder viraler DNA transfiziert werden (4, S.243). Dabei unterscheiden sich transformierte Zellen folgendermaßen von normalen Zellen in Kultur:

- Verlust der Kontaktinhibition (Wachstum nicht nur in einschichtigem Zellverband) (7, S.69)
- ankerunabhängiges Wachstum (keine feste Unterlage zum Wachstum benötigt)
- geringer Nährstoffbedarf
- Veränderung von Struktur und Form der Zellen
- unbegrenzte Proliferation (Immortalisierung)
- Fähigkeit, Tumoren und Metastasen in Mäusen zu bilden (O)

  Insbesondere die Fähigkeit des ankerunabhängigen Wachstums dient als wichtiger Hinweis, ob die *in vitro* - Kultur auch in Mäusen Tumoren induzieren kann.

2.3 Warum transformieren Tumorviren Zellen?

Diese Frage steht nun schon länger im Raum und bevor wir zu dem „Wie?“ übergehen, wollen wir eine Antwort auf diese Fragestellung finden. Allgemein gesagt besteht der Zusammenhang zwischen Tumorviren und Krebs darin, dass beide stark proliferierende Zellen benötigen. Für Krebs stellen sie die Ursache dar, für Tumorviren sind proliferierende Zellen wichtig für ihre eigene Vermehrung. Denn Viren können ihre Replikation nur dadurch gewährleisten, dass sie die Synthesemaschinerie der Wirtszelle für ihre Zwecke einspannen. Diese Abhängigkeit wird

Virus	Human disease	Presence in tumor tissue	Causal role	Cofactors
HPV	Cervical cancer	100%	Yes	Genetic
EBV	Lymphoproliferative disease	100%	Yes	Immunodeficiency
EBV	Burkitt's lymphoma	98% in endemic areas	No (EBV is a cofactor)	Malaria
EBV	Hodgkin's lymphoma	40–50%	No	?
EBV	Nasopharyngeal cancer	100%	Yes	Genetic; environmental
KSHV	Kaposi's sarcoma	>95%	Yes	Immunodeficiency
KSHV	Primary effusion lymphoma	100%	Yes	Immunodeficiency
KSHV	Multicentric Castleman's disease	100% of AIDS lymphomas 50% of non-AIDS lymphomas	Yes	Immunodeficiency
JCV	Gliomas, medulloblastomas	50–80%	?	?
BKV	Brain tumors	20%	?	?

Abbildung 2.1: DNA - Viren und assoziierte Krebsarten. KSHV ist das sogenannte Kaposi - Sarkom - assoziierte Herpesvirus (oder HHV-8), ein Herpesvirus, welches nah mit EBV verwandt ist. Das Kaposi Sarkom ist ein bösartiger Tumor, der vor allem zusammen mit einer HIV - Infektion auftritt. JC - Virus und BK - Virus werden beide mit Hirntumoren in Verbindung gebracht, deren Einfluss auf die Carcinogenese ist aber noch wenig erforscht. Ebenso ist noch unklar, ob EBV die Ursache für die Bildung eines Burkitt - Lymphoms darstellt.

noch dadurch erhöht, dass die meisten Tumorerreger Viren mit vergleichsweise kleinen Genomen sind und also eine noch größere Notwendigkeit besteht, die zellulären Prozesse zu ihrem Vorteil zu beeinflussen. Klar ist, dass Viren, welche die Fähigkeit besitzen mit zellulären Regulatoren zu interagieren, gegenüber anderen einen evolutionären Vorteil haben (O). So sind sie in der Lage die zelluläre Umgebung an ihre Bedürfnisse anzupassen. Es ist aber auch nachvollziehbar, dass diese Veränderungen oft nicht vorteilhaft für den menschlichen Organismus sind. So werden für die Virusreplikation unentbehrliche Enzyme nur in der Synthesephase des Zellzyklus gebildet. Deshalb veranlasst das Virus mithilfe verschiedener Proteininteraktionen die Wirtszelle sich zu teilen (4, S.242), was im Extremfall bei einer resultierenden starken Zellproliferation zur Bildung eines Tumors führen kann.
Weiterhin kann ein Tumor auch dadurch entstehen, dass das Immunsystem das Virus nicht aus dem Organismus eliminieren kann und sich deshalb eine chronische Entzündung entwickelt. Dessen Bedeutung für die Carcinogenese haben wir bereits in Abschnitt 1.3.1 erläutert und werden in Abschnitt 2.5.1 diesen Mechanismus noch einmal aus der Perspektive des Virus betrachten.
Anhand dieser beschriebenen Vorgänge wird deutlich, dass virusinduzierter Krebs ein mehr oder weniger unerwünschtes Nebenprodukt des viralen Lebenszyklus ist.

2.4 Direkte Mechanismen

2.4.1 Virale Onkogene

Viren müssen, wie bereits erwähnt, in den Zellzyklus eingreifen, um die optimale Replikation ihres Erbguts zu ermöglichen. Insbesondere einige DNA - Viren deaktivieren bevorzugt zelluläre Tumorsuppressoren wie Rb und p53, indem die viruseigenen Onkogene direkt an diese binden, und dadurch die Grundlage für eine erhöhte Zellteilungsrate und Virusvermehrung schaffen (4, S.242). Retroviren, welche zur Gruppe der RNA - Viren gehören, gehen nach einem speziellen Verfahren vor, mit dessen Hilfe sie ihr Genom während des Infektionsprozesses in die Wirtszell - DNA integrieren. Dazu nutzen sie das Enzym Reverse Transkriptase, welches die RNA des Virus in DNA umschreiben kann. Auf diese Weise wird die virale Replikation ermöglicht und ein langfristiger Einfluss auf die Regulationsmechanismen der Zelle realisiert. Selten kann es vorkommen, dass ein Retrovirus ein Onkogen besitzt, welches es in geraumer Vorzeit durch Eingliederung eines Proto - Onkogens erworben hat. Im konkreten Fall wird vermutet, dass ein dem sogenannten Avian Leukosis Virus (ALV) ähnlicher Vorfahre einmal bei einer gewöhnlichen Infektion einer Hühnerzelle Sequenzen des Wirtszellgenoms mithilfe eines genetischen Tricks ins virale Genom übernahm. Daraufhin konnte das Virus das erhaltene Proto - Onkogen für seine Zwecke umbauen und ein Onkogen entstand. Das neu gebildete Tumorvirus mit dem erworbenen Onkogen heißt Rous - Sarkoma - Virus. Allerdings ist solch ein Verhalten ungewöhnlich für ein Virus, da nahezu alle anderen Viren Gene besitzen, die keine nähere Verwandtschaft zu zellulären Genen aufweisen (7, S.75 ff.).

Eine weitaus geläufigere Situation wird im folgenden beschrieben. Das Humane T - lymphotrope Virus 1 (HTLV-1) ist ein Retrovirus, welches von Natur aus ein Onkogen besitzt. Dieses Gen mit dem Namen „tax“ treibt die virale, aber auch die zelluläre Genexpression durch Aktivierung bestimmter Transkriptionsfaktoren voran. Es hat einen direkten negativen Einfluss auf die Zellzykluskontrolle und beeinträchtigt die DNA - Reparatur, was sowohl numerische Chromosomenaberrationen als auch eine Anhäufung von Mutationen verursacht. Außerdem wird die Resistenz der Zelle gegenüber der Apoptose dadurch gewährleistet, dass der Tumorsuppressor p53 indirekt deaktiviert wird.

Zu guter Letzt führt die ebenfalls indirekte Interaktion mit Rb dazu, dass der Tumorsuppressor phosphoryliert wird und damit das Fortschreiten im Zellzyklus ermöglicht (M). Tax hat also einen pleiotropen Effekt. Dies deckt sich mit der Beobachtung, dass viele Tumorviren relativ klein sind, und deshalb nur wenige Gene für die Zelltransformation verantwortlich sein können (7, S.71). Bei einer Infektion mit HTLV-1 werden insbesondere blutbildende Zellen zur Proliferation angeregt, weshalb das Virus eine entscheidende Rolle bei der Bildung einer Adulten T - Zell - Leukämie (ATL) spielt.

Allerdings verursacht im Allgemeinen eine Virusinfektion allein noch keine Tumoren, was an der zum Teil sehr weiten Verbreitung von Tumorviren in der Bevölkerung abgelesen werden kann (bei EBV > 90 % der Weltbevölkerung) (2, S.205). Ferner verursachten in Tiermodellen die wenigsten carcinogenen Viren innerhalb von wenigen Tagen oder Wochen Tumoren. Auch beim Menschen vergehen oft Jahre oder Jahrzehnte bis sich ein virusinduzierter Tumor bildet (4, S.242). In Zellkultur mussten bei HPV - infizierten Zellen der oberen Epidermis entweder noch weitere Onkogene exprimiert werden oder die Zellen wurden über einen längeren Zeitraum in Kultur gehalten, damit sich genügend für die Tumorentstehung benötigte Mutationen anhäufen konnten (2, S.114 f.). Es werden also augenscheinlich noch weitere Faktoren für die Tumorentstehung benötigt.

2.4.2 Aktivierung von Proto - Onkogenen

Wir wollen nun noch einmal näher auf ALV eingehen, ein Retrovirus, welches unter Hühnern weit verbreitet ist. Denn erstaunlicherweise kann es auch ohne ein eingegliedertes Onkogen Tumoren induzieren. Jedoch dauert es viele Wochen oder Monate bis die Wirtszelle transformiert werden kann, während Onkogen - besitzende Viren wesentlich weniger Zeit benötigen. Im Zuge einer Infektion mit ALV werden Millionen von Zellen befallen und in jede integriert sich ALV an einer zufälligen Stelle im Wirtszellgenom. Nun kann es durch sehr großen Zufall vorkommen, dass sich das Virus benachbart zum Proto - Onkogen myc einbaut. Durch diese Nähe zum integrierten Virus gerät das Proto - Onkogen unter den aktivierenden Einfluss des viralen Transkriptionspromotors, infolgedessen es in ein Onkogen umgewandelt wird.

Jetzt lässt sich auch die vergleichsweise lange Zeitspanne bis zur Transformation der Wirtszelle erklären. Es kann nämlich sehr lange dauern, bis sich eines der vielen Viren bei dem sehr großen Wirtszellgenom in die Nähe eines Proto - Onkogens integriert. Dieser Vorgang wird Insertionsmutagenese genannt (7, S.82 ff.), findet insgesamt aber eher selten statt.

2.4.3 Virusintegration und genetische Instabilität

Wie schon thematisiert, ist die Integration des Virusgenoms in das Genom der Wirtszelle ein normaler und notwendiger Bestandteil des Replikationszyklus von Retroviren. Ein solcher Vorgang kann auch bei DNA - Viren auftreten, allerdings nur mit geringer Wahrscheinlichkeit (weniger als eine Integration pro 1000 Infektionen). Dies findet häufig planlos und nur fragmentar statt (7, S.75). Doch genau aus diesem Grund können genetische Veränderungen im Wirtszellgenom stattfinden, da bei der bruchstückhaften Integration auch wichtige zelluläre Gene zerstört werden können und die eingebaute Virus - DNA Umgruppierungen von viralen und zellulären DNA - Sequenzen induziert. Auf diese Weise wird genetische Instabilität hervorgerufen, mit welcher wiederum Sequenzumordnungen innerhalb und auch zwischen Chromosomen ermöglicht werden, ein Teufelskreis und ein erwiesener Risikofaktor für die maligne Transformation einer Zelle. Dieser Mechanismus tritt beispielsweise bei HBV auf, wobei die Integrationshäufigkeit des Virus mit ca. 70 % sehr hoch ist (N). HBV kann mit der Integration insbesondere die virale Persistenz realisieren.

Die von HBV induzierte genetische Instabilität kann natürlich auch dem Virus selbst zum Verhängnis werden, indem es beschädigt oder aus dem (Tumor -)Zellgenom entfernt wird. Für die Krebszellen ist es womöglich sogar vorteilhaft, sich des Virus zu entledigen, um dem Immunsystem weniger Angriffspunkte zu bieten. Die Vermutung, dass virale Genome in entstanden Tumoren nicht mehr von Bedeutung sind, wird noch kontrovers diskutiert und ist Gegenstand der aktuellen Forschung (O). In Tumorzellen findet beispielsweise die Replikation des HBV - Genoms nur noch sporadisch oder gar nicht mehr statt (N). Im Gegensatz dazu ist aber bei Gebärmutterhalskrebs die Expression der HPV - Onkogene E6 und E7 (Behandlung in Abschnitt 4.3) weiterhin erforderlich, um das Krebszellwachstum aufrechtzuerhalten (2, S.107).

2.5 Indirekte Mechanismen

2.5.1 Chronische Entzündung

In Abschnitt 1.3.1 wurde der große Stellenwert deutlich, den eine chronische Entzündung bei der Tumorprogression innehat. Bei einer viralen Infektion werden sowohl das adaptive als auch das angeborene Immunsystem aktiviert, um den Erreger zu entfernen. Dabei findet eine zeitlich begrenzte, akute Entzündung statt, welche meist hilft den Eindringling auszulöschen. Wenn es der Immunabwehr aber nicht gelingt, das Virus zu zerstören, kann die akute sich zu einer chronischen Entzündung entwickeln (M).

Die beiden wichtigsten Tumorviren, die auf diese Weise indirekt krebserzeugend wirken, sind das Hepatitis B (HBV) - und Hepatitis C - Virus (HCV). Trotz der ähnlichen Benennung unterscheiden sich die beiden Viren von der Genomstruktur und dem Replikationszyklus deutlich voneinander. Während HBV ein DNA - Virus ist, besitzt HCV ein RNA - Genom. Auf der anderen Seite ist das biologische Ergebnis sehr ähnlich, was man anhand der Abbildung 2.2 gut nachvollziehen kann. Erst einmal üben HBV und HCV einen kontinuierlichen cytotoxischen

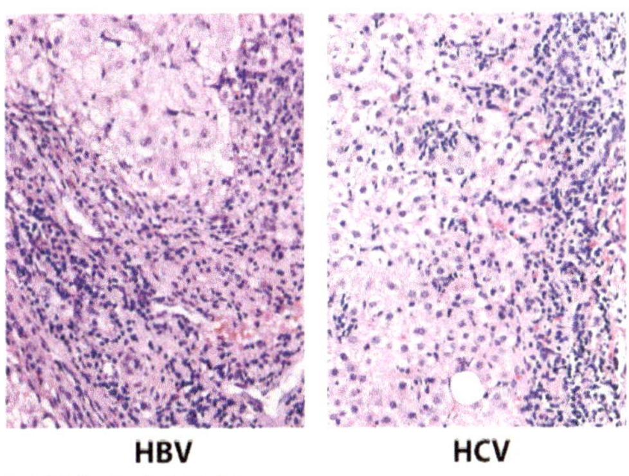

Abbildung 2.2: Chronische Entzündung der Leber durch HBV und HCV. Die dunklen Punkte stellen Entzündungszellen dar.

Effekt auf die Hepatozyten (Leberepithelzellen) aus. Diese zelltötende Wirkung wird noch dadurch verstärkt, dass das Immunsystem versucht, die HBV/HCV - infizierten Zellen abzutöten und damit aus dem menschlichen Organismus zu eliminieren (7, S.442 ff.). Bei einer HBV - Infektion scheitert dies aber in 5 - 10 % der Fälle (bei Kindern 90 %) und es kann sich eine chronische Entzündung etablieren (4, S.254). HCV besitzt eine noch immens höhere Chronifizierungsrate. Die Leber verliert infolge der Infektion viele Zellen und als Gegenreaktion wird die Proliferationsrate der Hepatozyten heraufgesetzt, um die verlorenen Zellen zu kompensieren. Weiterhin sorgen die Entzündungszellen (wie bereits erfahren) für die Errichtung eines tumorähnlichen Phänotyps, welcher letztendlich zur Entstehung eines hepatozellulären Carcinoms führen kann (siehe auch Abb. 2.3) (7, S.442 ff.). Weltweit sind 200 Millionen Menschen chronisch mit HCV und 450 Millionen chronisch mit HBV infiziert (7, S.456). Dreiviertel der mit HBV chronisch Infizierten leben in Asien (4, S.255). Eine besondere Brisanz liegt darin, dass (im Gegensatz zu HBV) für HCV immer noch kein Impfstoff existiert. Das RNA - Virus zeichnet sich durch eine hohe genetische Variabilität aus. Das liegt vor allem daran, dass die zur Replikation benötigte RNA - Polymerase im Gegensatz zur DNA - Polymerase keine Korrekturlesefunktion besitzt. Deshalb besitzt jeder neu synthetisierte Viruspartikel ca. 1 - 10 Mutationen in seinem Genom, weshalb die Viruspopulation sehr heterogen ist (Q4). Dies macht das Virus nicht nur flexibel gegenüber Impfstoffen und medikamentöser Therapie, auch das Immunsystem erkennt HCV nur schwer. So kann sich der Erreger zwar weder ins Wirtszellgenom integrieren, noch besitzt er Onkogene. Aber da HCV aufgrund seiner Heterogenität nur schwer aus dem Organismus entfernt werden kann, ist der chronischen Entzündung Tür und Tor geöffnet.

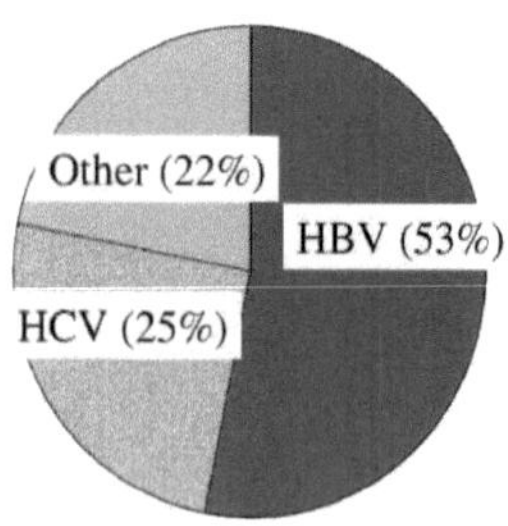

Abbildung 2.3: Ursachen eines Lebercarcinoms

2.5.2 Unterdrückte Immunantwort

Ein anderer, indirekter Mechanismus der viralen Carcinogenese begegnet uns insbesondere bei dem „Human immunodeficiency virus", HIV. Durch eine HIV - Infektion wird die Immunabwehr chronisch unterdrückt (M). Die Tumorentstehung wird dadurch entscheidend begünstigt. Als Erklärung kommen zwei Szenarien in Frage:

1. Die unterdrückte Immunantwort begünstigt allgemein das Überleben von veränderten Zellen wie z.B. Tumorzellen.
2. Immungeschwächte Patienten sind anfälliger für die Reaktivierung von Viren und für Neuinfektionen. Es wird davon ausgegangen, dass Proteine von verschiedenen Viren miteinander kollaborieren können (O).

Für das zweite Szenario spricht, dass Tumoren, die im Zusammenhang mit einer HIV - Infektion entstehen, gewöhnlich auf die Tumorviren EBV, HPV und HHV-8 (Humanes Herpesvirus Typ 8) zurückzuführen sind.

Somit kommen wir zum Ende des ersten Teils dieser Arbeit. Bis dato haben wir einen Überblick über die allgemeinen Mechanismen der Krebsentstehung erhalten und es wurde näher auf die Bedeutung von Tumorviren in diesem Zusammenhang eingegangen. Da gerade beim Epstein - Barr - Virus und den Humanen Papillomaviren ein als vergleichsweise sicher geltender Zusammenhang zu diversen Tumoren besteht und die beiden Viren sowohl einen komplexen Transformationsmechanismus besitzen, als auch epidemiologisch für den Menschen eine große Relevanz haben, werden sie im zweiten Teil dieser Arbeit umfassend erläutert.

Teil II

Zelltransformation durch Tumorviren

Kapitel 3

Epstein – Barr – Virus (EBV)

Im Jahr 1958 begegnete der Britische Chirurg Denis Burkitt, welcher in Kampala (Uganda) arbeitete, Kindern mit extrem vergrößerten Lymphknoten in Unterleibs – oder Kieferregionen. Er reiste durch Mittel – und Südafrika, um Informationen über dieses neue, tumorartige klinische Erscheinungsbild einzuholen. Schon damals vermutete Burkitt, dass die Schwellungen auf eine infektiöse Ursache zurückzuführen sind. Nachdem der englische Virologe Michael Epstein eine Vorlesung zu diesem Thema von Burkitt in London gehört hatte, besorgte er sich Proben des Tumorgewebes und es gelang ihm, Tumorzellen zu kultivieren. Unter dem Elektronenmikroskop entdeckte Epstein ein Herpesvirus, das sich von den bisher entdeckten unterschied. Er hatte damit das erste humane Tumorvirus gefunden (2, S.317).
1984 wurde das Genom des Epstein – Barr – Virus (EBV) als erstes Herpesvirusgenom vollständig sequenziert (2, S.241). Das Virus besitzt ein doppelsträngiges DNA – Genom, welches für mehr als 85 Gene kodiert (H). Herpesviren sind also wesentlich größer als die übrigen Tumorviren. Das EBV - Genom kann in zwei verschiedenen Konfigurationen vorliegen. Die lineare Form ist in Viruspartikeln vorhanden, die während der viralen Replikation hergestellt wurden, wohingegen das Genom in latent infizierten Zellen zirkulär als extrachromosomale (episomale) DNA vorliegt (2, S. 242). Ein ikosaedrisches Kapsid umschließt das Genom und ist seinerseits von einer Hüllmembran umgeben, die Ähnlichkeit zu zellulären Membranen besitzt (siehe Abb. 3.1). Besonders wichtig ist die Membran beim Eintritt in die Zelle, bei welchem virale Membranproteine mit Rezeptoren der Wirtszelle interagieren (4, S. 247).

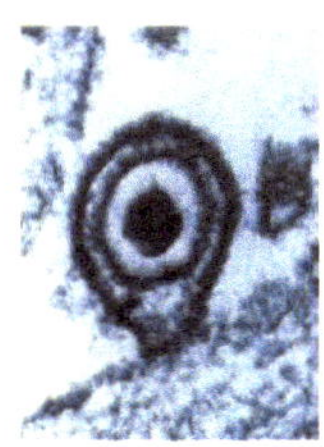

Abbildung 3.1: EBV

Der Vorteil einer Hüllmembran gegenüber dem „nackten“ Kapsid ist die größere Variabilität der Virusoberfläche, wodurch unter anderem das Immunsystem besser umgangen werden kann. Es sind zwei Subtypen von EBV bekannt, die Menschen infizieren: EBV – 1 und EBV – 2. Sie unterscheiden sich zu 20 – 50 % in den Genen EBNA2 und 3 („EBV nuclear antigens“). Diese Differenz reicht oft aus, um das Immunsystem von Personen, die mit Typ 1 infiziert sind, daran zu hindern Typ 2 wirksam zu erkennen und umgekehrt (2, S.252). Weiterhin kann EBV – 1 B – Lymphozyten effizienter transformieren als Typ 2, was wahrscheinlich an der unterschiedlichen Sequenz für EBNA2 liegt (H). Während in westlichen Ländern vor allem Typ 1 und in Südamerika Typ 2 vorliegt, halten sich die beiden Typen in Afrika ungefähr die Waage. Es wird allerdings noch kontrovers diskutiert, wie weit verbreitet Infektionen mit beiden Erregertypen sind (2, S.210 f.).

3.1 Infektion

Der Mensch ist der einzige natürliche Wirt des Epstein – Barr – Virus (H). EBV wird in erster Linie über den Speichel (Saliva) übertragen, bei jungen Erwachsenen vor allem durch direkten oralen Kontakt, bei kleinen Kindern meist durch indirekten Kontakt mit infektiösem Speichel (2, S.206). Die Primärinfektion verläuft normalerweise symptomlos, wenn sie aber erst im (jungen) Erwachsenenalter stattfindet, kann dies gelegentlich zu Pfeifferschem Drüsenfieber (infektiöse Mononukleose) führen (G). Aufgrund der häufigen Übertragung von Mund zu Mund wurde die meist harmlose Erkrankung ursprünglich „kissing – disease“ genannt (2, S.206). EBV befällt vorrangig B – Lymphozyten (G). B – Lymphozyten stellen einen essentiellen Teil des adaptiven (spezifischen) Immunsystems dar. So sind sie als einzige Zellen in der Lage, Billionen verschiedener Antikörper (Immunglobuline) zu produzieren, nachdem sie durch Antigene z.B. auf Viren stimuliert wurden (7, S.670). Außerdem kann EBV auch Epithelzellen infizieren, allerdings mit deutlich herabgesetzter Effizienz und mittels eines anderen, noch weitgehend unerforschten Mechanimus (G). Jedoch lassen Epithelzellen eine lytische Replikation des Virus zu (sog. Permissivität), wohingegen B – Zellen nur als semi - permissiv für die Virusreplikation eingestuft werden. Deshalb findet in B – Zellen entweder eine latente Infektion statt oder das Virus transformiert die Wirtszelle (2, S.168). Nach der primären Infektion bleibt man ein lebenslanger Träger des Virus, meist ohne ernsthafte Konsequenzen (H). Wie bereits erwähnt, ist die Infektion mit EBV sehr weit verbreitet. So sind schätzungsweise mehr als 90 % der erwachsenen Weltbevölkerung latent mit dem

Virus infiziert (2, S.205), meist ohne Komplikationen.
Wahrscheinlich findet die akute Infektion nach dem Speichelkontakt im Epithel statt (für den im Folgenden beschriebenen viralen Lebenszyklus siehe auch Abb. 3.2). In diesem Gewebe wird die lytische Replikation der Virus - DNA (Amplifikation) und damit die Vermehrung und Verbreitung des Virus eingeleitet. Im nächsten Schritt können die Viruspartikel in das weiter innen liegende Lymphgewebe eindringen und naive B – Zellen (B – Zellen, die noch keinen Antigenkontakt hatten) infizieren. Nach dem Eintritt in den Zellkern geht das Virusgenom von der linearen in die zirkuläre Form über und daraufhin wird der Transkriptionsfaktor EBNA2 exprimiert, welcher die Genexpression bestimmter zellulärer und viraler Gene durch Aktivierung diverser Promotoren stimuliert (sog. Latenz III – Programm). Diese Umstellung von der lytischen Infektion auf die latente Infektion ist für das Virus notwendig, da die für die lytische Replikation benötigten Proteine bei gesunden Individuen einer robusten Immunantwort ausgesetzt wären und die meisten infizierten Zellen somit innerhalb kurzer Zeit beseitigt werden könnten (2, S.286). Die während der Latenz III exprimierten Gene animieren die Zelle zu wachsen und sich zu teilen. Die befallenen Zellen werden daraufhin größer und ähneln Lymphoblasten (B – Zellen nach Antigenkontakt), die dann zu sogenannten Lymphfollikeln wandern, welche kugelförmige Kolonien von B - Zellen verkörpern (I). Dort bilden sie wie bei einer normalen Immunreaktion sogenannte Keimzentren, vermehren sich vorübergehend und könnten sich danach entweder zu antikörperproduzierenden Plasmazellen oder zu Gedächtniszellen differenzieren. Letztere befinden sich solange in einem inaktiven Zustand, bis wieder ein Kontakt mit demselben Antigen hergestellt wird. Wenn dies der Fall ist, kann die Gedächtniszelle sich sehr schnell zu einer antikörperproduzierenden Zelle entwickeln (6, S.329 f.).
In dem sogenannten Latenzstadium II werden Überlebenssignale ausgesendet, die eine voll funktionsfähige B – Zelle vortäuschen. Deshalb werden die infizierten B - Zellen nicht abgebaut, sondern differenzieren sich zu Gedächtniszellen (nicht zu Plasmazellen) und können das Keimzentrum verlassen. In der Folge wird nahezu die komplette virale Proteinexpression eingefroren (Latenz 0) (I). So hat das Immunsystem keinen Angriffspunkt mehr. In diesem Latenzstadium werden die befallenen Gedächtniszellen vom Körper wie gesunde Gedächtniszellen behandelt, und werden von keinen viralen Genen beeinflusst. Latent infizierte B – Gedächtniszellen können nicht von normalen Gedächtniszellen unterschieden werden. Sobald sich diese Gedächtniszellen im Rahmen des natürlichen Teilungsprozesses teilen, wird das Protein EBNA1 reaktiviert, welches für die Replikation und hier vor allem die Aufrechterhaltung des viralen Genoms zuständig ist (Latenz I)(I).

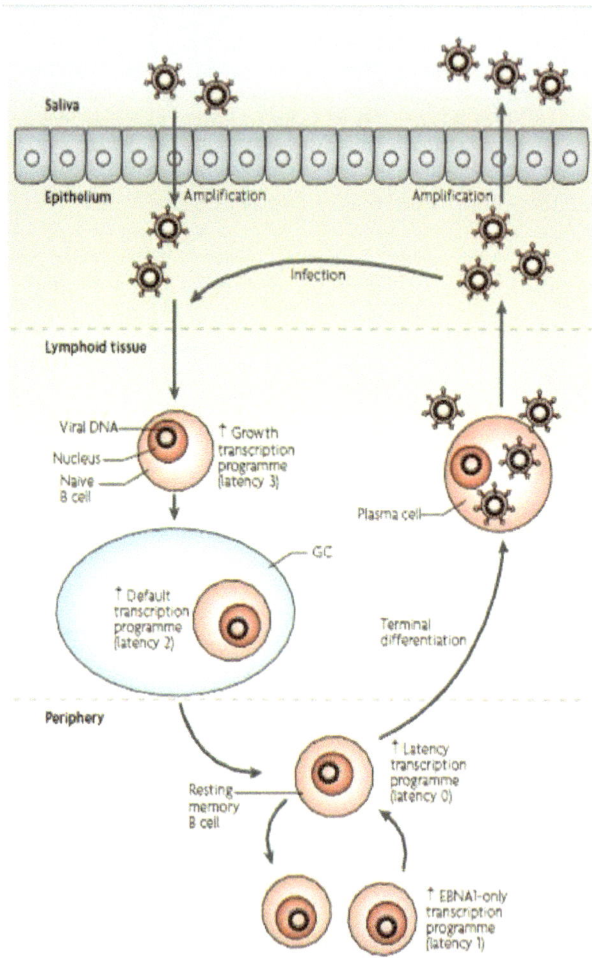

Abbildung 3.2: Das aktuelle Modell wie EBV eine persistente Infektion hervorruft und aufrechterhält (GC: „germinal center“ = Keimzentrum).

Latent infizierte Gedächtniszellen können sich z.B. in Phasen der Immunschwäche (H) spontan zu Plasmazellen differenzieren, und damit ein Signal zur viralen Replikation geben. Als Folge findet eine lytische Replikation statt und die in der Plasmazelle produzierten Viruspartikel können sich im Speichel anreichern oder andere Zellen infizieren (I).
Generell muss bei diesem Infektionsmechanismus jedoch beachtet werden, dass er bis zum heutigen Tage nur ein Modell darstellt. So bleiben noch viele Fragen offen, beispielsweise bezüglich der genauen Infektionsreihenfolge oder den Übergängen zwischen den Latenzphasen. Weiterhin gilt es, noch viele Beobachtungen, die in Zellkulturen gemacht wurden, mithilfe von *in vivo* - Studien zu verifizieren.

3.2 Verhalten von EBV *in vitro*

In Zellkultur ist EBV ein extrem effektives transformierendes Virus. So gelingt es ihm, mehr als 50 % der B - Lymphozyten in latent infizierte und immortalisierte sogenannte Lymphoblastoide Zellinien (LCLs) umzuwandeln (I). Dieses Modellsystem war ein wichtiger Meilenstein in der Erforschung der Latenzphase in EBV - infizierten B - Zellen, wird aber zum Teil heute noch in der Forschung verwendet. Jedoch besteht eine große Diskrepanz zwischen hoher Transformationseffizienz und weiter Verbreitung von EBV auf der einen Seite und der relativen Seltenheit von EBV - assoziierten Krankheiten auf der anderen Seite. In letzter Zeit wurde dann festgestellt, dass sich das Verhalten von LCLs (wie die Immortalisierung) teilweise signifikant von dem der *in vivo* latent infizierten B - Zellen unterscheidet. Dies liegt vor allem an den verfälschten Wachstumsbedingungen und - eigenschaften *in vitro* und den fehlenden Signalen von außerhalb (I). Aus diesem Grund müssen viele Forschungsergebnisse, die basierend auf LCLs gemacht wurden, noch *in vivo* überprüft werden.

3.3 Das Burkitt - Lymphom (BL)

Das Burkitt – Lymphom (BL) ist unter den bekannten Krebsarten der am schnellsten wachsende Tumor. Im Afrika südlich der Sahara beinhalten nahezu 100 % der Lymphome EBV - positive Zellen (I). Dort repräsentiert die Erkrankung die häufigste Krebsform bei Kindern (4, S.249). Während der Tumor sich in Afrika häufig im Ober - oder Unterkiefer manifestiert, befällt er in Europa und den USA häufig die Lymphknoten des Bauchraums und das Knochenmark (2, S.222) .

3.3.1 Molekulare Mechanismen der Lymphomentstehung

Was alle Burkitt - Lymphome vereint, ist die Translokation (Genortsveränderung) des sogenannten myc - Gens (I). Das exprimierte myc - Protein fungiert im Zellkern als wachstumsstimulierender Transkriptionsfaktor, indem es die Expression vieler verschiedener proliferationsfördernder Gene induziert (7, S.284 ff.). Während der Translokation werden Chromosomenabschnitte von verschiedenen Chromosomen untereinander ausgetauscht. In diesem Fall wird das myc - Gen von Chromosom 8 auf bestimmte Abschnitte eines der Chromosomen 2, 14 oder 22 verlagert. Dort befinden sich transkriptionsfördernde Sequenzen (sog. Enhancer), welche normalerweise die Antikörperproduktion positiv regulieren. Jedoch gerät in diesem Fall das translozierte myc - Gen unter den Einfluss der Enhancersequenzen und wird daraufhin wesentlich stärker exprimiert als normalerweise. Aufgrunddessen wird die betroffene B - Zelle zur Proliferation stimuliert und besitzt damit einen Wachstumsvorteil gegenüber den anderen Zellen (7, S.109 f). Die wichtige Rolle des myc - Gens

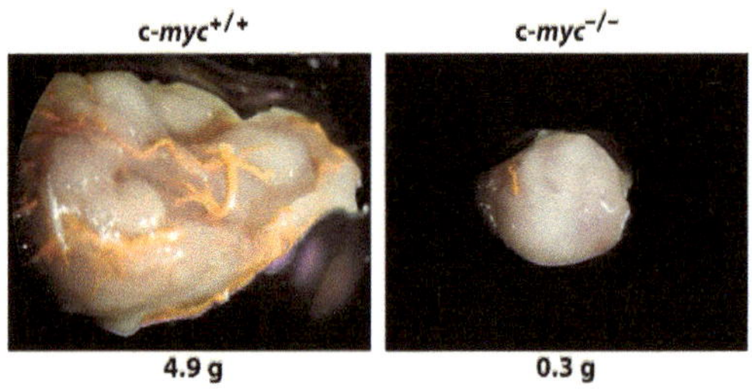

Abbildung 3.3: Die Bedeutung von myc. Tumorentstehung durch Embryonale Stammzellen der Maus mit zwei aktiven myc - Genen (links) und mit zwei abgeschalteten Allelen (rechts). Bei zwei aktiven Allelen findet eine sichtbar stärkere Proliferation und Angiogenese statt.

bei der Carcinogenese wird auch dadurch deutlich, dass es in 15 - 30 % (100 % im BL) aller humanen Tumoren verstärkt exprimiert wird (7, S.284 ff.).

Wir haben bereits erfahren, dass sich B - Zellen im Rahmen der Immunantwort in Keimzentren vermehren und sich zu Plasmazellen oder Gedächtniszellen differenzieren können. Um die unglaubliche Vielfalt von Antikörpern zu gewährleisten, gibt es drei Mechanismen:

1. Bei der Bildung von B - Zellen im Knochenmark können die Immunglobulingene aus vielen verschiedenen Genfragmenten zusammengesetzt werden (DNA - Rearrangement) (6, S.333).

   Die beiden anderen Mechanismen finden im Keimzentrum statt:

2. Somatische Hypermutation (SHM): Mithilfe des Enzyms AID (Activation - induced cytidine deaminase) werden Cytosine zu Uracilen desaminiert, was dann zu der Basenfehlpaarung Guanin:Uracil (statt Guanin:Cytosin) führt. Dadurch werden verschiedene andere Prozesse in Gang gesetzt, was letztendlich zu Mutationen insbesondere in den Genen für die Antigenbindungsstellen der Antikörper führt. Nun kann durch diese zufällige Mutation ein Antigen womöglich besser gebunden werden. Nach der SHM werden deshalb die B - Zellen auf ihre Affinität zu Antigenen hin selektiert und nur die wirksamsten B - Zellen erhalten ein Überlebenssignal (das Überlebenssignal, welches bei EBV - infizierten Zellen mithilfe von viralen Proteinen ausgesendet wird).
   Die Basenfehlpaarung durch AID kann unter anderem auch zu DNA - Doppelstrangbrüchen (DSB) führen, was eine notwendige Voraussetzung für

3. Antikörperklassenwechsel (CSR : „class switch recombination") darstellt (I). Hierbei wird das Antikörperspektrum noch stärker ausgeweitet, da auch Immunglobuline mit der gleichen Antigenbindungsstelle sich in verschiedene Klassen diversifizieren können, die unterschiedliche Funktionen erfüllen und an anderen Orten im Körper vorkommen (6, S.331).

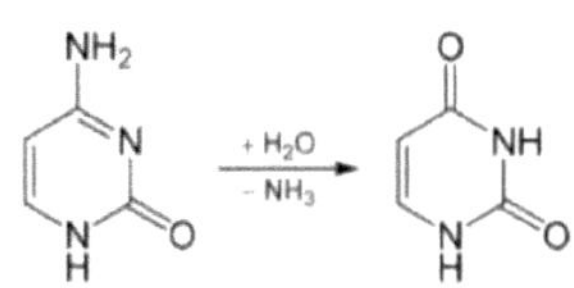

Abbildung 3.4: Desaminierung von Cytosin zu Uracil

Die letzteren beiden Mechanismen spielen bei der Transformation von B - Zellen eine große Rolle. So stellen ebenjene für den Antikörperklassenwechsel verantwortlichen DSBs bei anormaler AID - Expression ein Zwischenprodukt im Translokationsprozess von myc dar (I). Dies liegt oft an dem Versuch der B - Zellen die DSBs zu reparieren, wobei es dann zu Fusionen mit Sequenzen auf anderen Chromosomen und infolgedessen zur Translokation kommt. Außerdem können in BL - Zellen meist Punktmutationen im myc - Gen gefunden werden, welche durch SHM in diesem Gen entstanden sind. Dadurch entzieht sich das myc - Gen dem Einfluss von Regulatorproteinen, die beispielsweise dessen Abbau kontrollieren würden (4, S.94 f.).
Das myc - Protein steht in Verbindung mit 12 - 15 % der Gene im Säugetiergenom (7, S.288). Darunter befinden sich u.a. Gene für Zellzyklusregulatoren oder für DNA - Replikations - und Reparaturenzyme. Bei dieser Vielfalt an myc - Interaktionen ist es nicht verwunderlich, dass eine veränderte Exprimierung dieses Gens zu genetischer Instabilität führt (4, S.95). Auf diese Weise können sich in der Folgezeit also auch in anderen Genen, wie z.B. Tumorsuppressoren und Onkogenen, Mutationen ansammeln und damit die maligne Progression vorantreiben.
Aus noch unerfindlichen Gründen (Stand 2008) wird AID im Keimzentrum vor der Bildung eines Lymphoms atypisch exprimiert und kann damit die Fehlerrate von SHM und CSR erhöhen, was wiederum mit erhöhter Wahrscheinlichkeit in einer myc - Translokation resultiert. EBV steht hierbei im Verdacht eine Rolle bei der Erhöhung der AID - Expression zu spielen, dies konnte jedoch noch nicht mit letzter Sicherheit nachgewiesen werden (I). Doch welche entscheidende (nachgewiesene) Rolle spielt EBV nun bei der Entstehung von Burkitt - Lymphomen?

Durch Vergleich der EBV - Genome in BL - Zellen stellte man fest, dass alle Zellen (inklusive der EBV - Genome) von einer einzelnen genetisch veränderten Mutterzelle abstammen müssen. Daraus konnte man ableiten, dass das Virus schon vor der Carcinogenese die Zellen infiziert haben muss und das Virusgenom dann mit der Teilung von Tumorzellen vervielfältigt wurde. Demnach könnte EBV zur Transformation von B - Zellen beigetragen haben und hat nicht erst im Nachhinein die Tumorzellen infiziert (4, S.249).
Auf der anderen Seite wurde festgestellt, dass beispielsweise in Europa und den USA der Anteil von EBV - positiven Burkitt - Lymphomen unter 25 % beträgt. Außerdem exprimieren EBV – positive BL – Zellen nur das EBNA1 Gen, nicht jedoch die EBV – transformierenden Gene. Folglich können letztere nicht direkt am Tumorwachstum beteiligt sein (I).

Erst einmal ist es wichtig zu berücksichtigen, dass das myc - Protein autoregulatorische Fähigkeiten besitzt. So übt es nicht nur zellteilungsfördernde, sondern auch starke pro - apoptotische Funktionen aus. Letztere sorgen normalerweise vor allem mithilfe der Proteine p53 und BIM dafür, dass eine Zelle mit einem stark exprimierten, translozierten myc - Gen sofort abgebaut wird. Das bedeutet, dass die proliferationsfördernde Wirkung von myc nur zum Tragen kommen kann, wenn in einem vorausgehenden Schritt die Apoptosefunktion eingeschränkt wird (7, S.325).

Hier kommen nun die EBV - Proteine, die während der Latenzphase exprimiert werden, ins Spiel:

Während der Latenz III aktiviert das proliferationsfördernde EBNA2 verschiedene virale, aber auch zelluläre Gene. Zu letzteren gehört auch das myc - Gen, dessen Expression von EBNA2 gefördert wird, um vorübergehend die Zellproliferation zu ermöglichen (Hierbei findet allerdings keine Translokation statt!). Um im Infektionszyklus von der Latenz III zur Latenz II überzugehen, deaktivieren die beiden Virusproteine EBNA3A und EBNA3C epigenetisch den Promotor des proliferationsfördernden EBNA2 - Gens und ermöglichen damit der Zelle, sich im Keimzentrum zu differenzieren. Dieser Vorgang ist für das Virus essentiell, da sich sonst die B - Zelle nicht zu einer latent infizierten Gedächtniszelle entwickeln kann. EBNA2 wird nun zwar stillgelegt, doch durch dessen myc - Aktivierung wurde auch die myc - induzierte Apoptose stimuliert. Um zu verhindern, dass die Zelle apoptotisch abgebaut wird, verhindern EBNA3A und 3C deshalb auch die Expression des pro - apoptotischen BIM - Gens.
Das kann folgenschwere Konsequenzen haben:
Wenn zu der unterdrückten Apoptosereaktion auch noch eine myc - Translokation hinzukommt, wird die Zelle nicht wie gewöhnlich abgebaut. Stattdessen überwiegt nun der proliferationsfördernde Effekt von myc und das Tor zur Tumorentstehung steht offen.

Nun stellt sich noch die Frage, wieso in BL - Zellen nur das EBNA1 - Gen exprimiert wird: Im Falle von EBNA3A und 3C fand man heraus, dass BIM epigenetisch, das heißt durch Modifikation der umliegenden Histone, stillgelegt wird. Da diese Veränderungen an den Histonen irreversibel sind, ist die Anwesenheit von EBNA3A/3C in dieser Zelle nicht weiter notwendig. Aufgrund des Wachstumsvorteils, den Zellen mit einem stillgelegten BIM - Gen haben, wird in den Nachfolgerzellen sogar darauf selektiert. Das bedeutet, dass schließlich jede BL - Zelle ein supprimiertes BIM - Gen enthält, ohne dass dazu virale Proteine benötigt werden (I).

Eine BL - Zelle bildet sich nun im Endeffekt aus einer B - Zelle, die das Keimzentrum verlassen hat, sich aber wegen der proliferationsaktivierenden myc - Translokation nicht zu einer ruhenden Gedächtniszelle differenzieren kann. Deshalb werden nach Verlassen des Keimzentrums zwar wie im normalen Infektionszyklus zur Umgehung des Immunsystems alle viralen Gene abgeschaltet, jedoch bleibt das für die virale Replikation zuständige EBNA1 - Gen als Folge der Zellproliferation aktiv.

Abschließend lässt sich sagen, dass für die Entstehung eines Burkitt - Lymphoms immer zwei Faktoren notwendig sind:

Die Aktivierung der proliferationsfördernden Komponente von myc und die Deaktivierung dessen pro - apoptotischer Komponente. Während EBV bei der Apoptosehemmung die entscheidende Rolle spielt, ist dessen Funktion bei der myc - Translokation noch fragwürdig. „Cancer Research UK“ geht aber vom jetzigen Standpunkt davon aus, dass Infektion und Translokation voneinander unabhängige Ereignisse sind (Q2).

3.3.2 BL und Malaria

Schon Burkitt erkannte Ende der 50er Jahre, dass das später nach ihm benannte Lymphom vor allem in Regionen mit hoher Malariainzidenz verstärkt auftritt (siehe Abb. 3.5) (2, S.317). Heute wird vermutet, dass Malaria ein Kofaktor für die Entwicklung des BL ist. Obwohl noch kein endgültiger Beweis erbracht ist, sprechen viele Tatsachen für eine entscheidende Rolle in der Tumorentstehung: Erst einmal schwächt eine Malaria - Infektion die T - Zell - Immunantwort und damit auch die Antwort gegen EBV. Gleichzeitig werden aber auch noch B - Zellen stimuliert, was zu einer Reaktivierung von EBV führen kann. Aufgrund dieser Faktoren ist die Viruskonzentration von EBV bei Malaria - Infizierten höher als bei gesunden Personen. Nun kann sich also eine höhere Anzahl infizierter B - Zellen in Gedächtniszellen differenzieren. Als direkte Folge können quantitativ mehr Zellen trotz myc - Translokationen überleben und damit transformiert werden.

Bei Patienten, denen Fremdgewebe transplantiert wurde und bei denen die Immunabwehr deshalb zur Verhinderung von Abstoßungsreaktionen unterdrückt wird, finden sich ebenfalls erhöhte Viruskonzentrationen. Jedoch bildet sich hier nicht wie erwartet ein Burkitt - Lymphom, sondern ein sogenanntes Immunoblastisches Lymphom (oder auch „lymphoproliferative disease“). Dieses Lymphom entsteht, da bei stark immungeschwächten Individuen

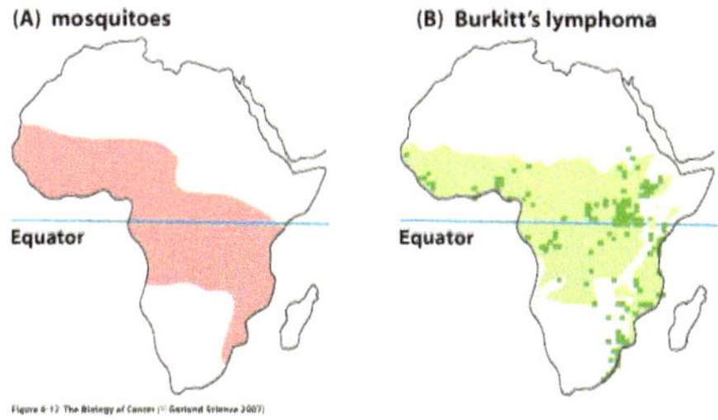

Abbildung 3.5: Verbreitung von Malaria und Burkitt - Lymphom in Afrika

die T - Zellen des Immunsystems nicht mehr die wegen der Infektion proliferierenden B - Zellen abtöten. Aus diesem Grund kann sich ungehindert ein Tumor bilden, welcher allein durch die EBV - Infektion verursacht wird (2, S.222 ff.). Ein sehr ähnliches Lymphom kann auch bei AIDS - Patienten entstehen, wobei in diesem Fall ein Großteil der Tumoren EBV - negativ sind. Anscheinend reicht also einzig eine hohe Viruskonzentration für die Bildung eines Burkitt - Lymphoms nicht aus (I). Wahrscheinlich sorgen aber sowohl HIV als auch die Erreger der Malaria für eine zusätzliche chronische Stimulation von B - Zellen, was zu einer stärkeren Aktivierung von Keimzentren und damit zu einer größeren Wahrscheinlichkeit von myc - Translokationen führt (G).

3.4 Weitere EBV - assoziierte Tumoren

EBV wird mit einer Vielzahl von weiteren Tumoren in Verbindung gebracht, unter anderem mit den seltenen T - Zell - und NK - Zelllymphomen (Lymphom der natürlichen Killerzellen), und einer Untergruppe von Magentumoren (I). Zwei andere wichtige EBV - assoziierte Tumoren werden im Folgenden thematisiert.

3.4.1 Nasopharynx - Carcinom

Das Nasopharynx - Carcinom (NPC) ist ein Tumor der Epithelzellen des Nasenrachens (siehe Abb. 3.6). Von allen EBV - assoziierten Krankheiten weist es weltweit gesehen die höchste Zahl an Neuerkrankungen auf (2, S.228). NPC kommt vor allem in China und Südostasien vor.

Menschen chinesischer Abstammung haben eine genetische Prädisposition für diese Erkrankung. Außerdem scheinen auch Ernährungsgewohnheiten wie das Essen von gesalzenem Fisch eine Rolle zu spielen (G). Vor allem Männer sind von dem Carcinom betroffen. Nachdem sich ein Tumor im Nasenrachen gebildet hat, äußert sich die Erkrankung oft in einer frühen Metastasierung der Halslymphknoten. Auch wenn der letzte Beweis für eine ursächliche Wirkung von EBV in der Entwicklung eines NPC noch aussteht, wird angenommen, dass EBV mit hoher Wahrscheinlichkeit entweder direkter Auslöser ist oder zumindest in gewichtigem Maße zur Tumorentstehung beiträgt. Als stärkstes Beweismittel dafür fungiert die erhöhte Antikörperkonzentration gegen EBV, welche der Bildung eines NPC vorausgeht (2, S.228 ff.).

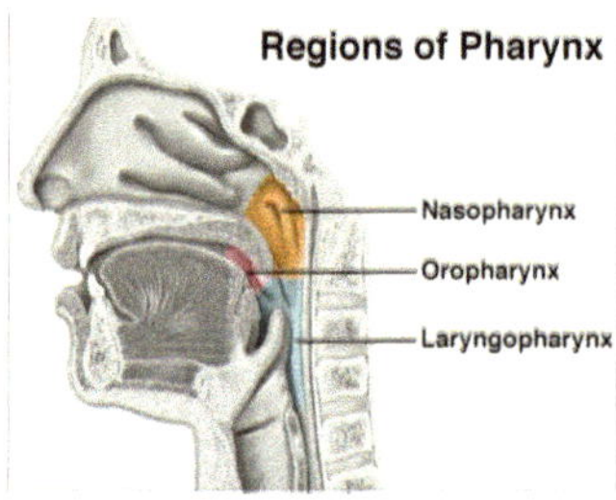

Abbildung 3.6: Der Rachen

3.4.2 Hodgkin - Lymphom

Das Hodgkin - Lymphom (HL) ist ebenso wie das BL ein Tumor der B - Zellen. Eine Besonderheit des HL ist, dass die Tumormasse zu 99 % aus normalen B - Zellen besteht, die maligne, sogenannte Reed - Sternberg - Zellen (RS - Zellen) umschließen (siehe Abb. 3.7) (7, S.529). RS - Zellen sind ein charakteristisches Merkmal des HL und können mithilfe einer Gewebeprobe nachgewiesen werden. Entstanden sind sie ursprünglich aus B - Zellen des Keimzentrums. Deshalb werden im HL auch (im Gegensatz zum BL) die Proteine des Latenzstadium II exprimiert (I). Das Lymphom manifestiert sich im schmerzfreien Anschwellen von Lymphknoten. EBV konnte etwa in einem Drittel der Lymphome identifiziert werden. Dabei erhöht sich das Risiko für einen EBV - positiven Tumor, wenn man in der Vergangenheit an Pfeifferschem Drüsenfieber erkrankt war (S.224 ff.).

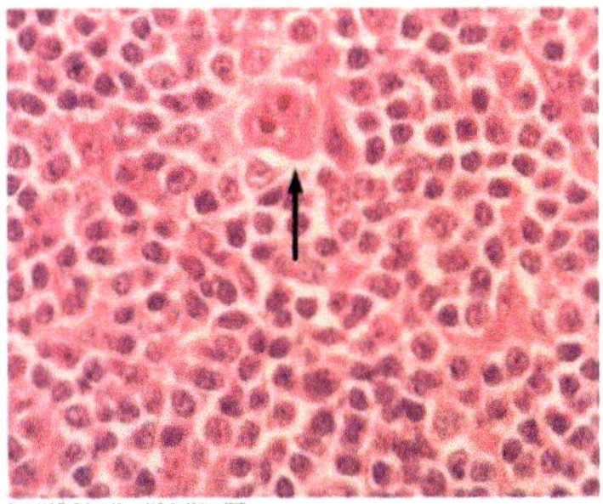

Abbildung 3.7: Eine Reed - Sternberg - Zelle

In vitro konnte nachgewiesen werden, dass EBNA3C, welches während der Latenzphase II exprimiert wird, den Abbau des Tumorsuppressorprotein Rb induzieren kann (genauere Behandlung von Rb in Abschnitt 4.3.2). Dies würde zu einer erhöhten Tumorwahrscheinlichkeit führen (K). Jedoch muss die Relevanz dieser Entdeckung noch mithilfe von *in vivo* - Studien nachgewiesen werden.
Grundsätzlich wird angenommen, dass durch die apoptosehemmende Funktion von EBV (siehe 3.3.1) fehlerhafte B - Zellen überleben und sich deshalb RS - Zellen entwickeln können (2, S.226). Weiterhin schafft das Virus eine wachstumsfreundliche Umgebung für die RS - Zellen (O). Unter den EBV - assoziierten Krankheiten spielt das Hodgkin - Lymphom für die westliche Welt die größte Rolle (2, S.234), mit 3,3 bzw. 2,7 Neuerkrankungen pro 100.000 Personen unter der männlichen bzw. weiblichen weißen Bevölkerung pro Jahr (Q3).

Kapitel 4

Humane Papillomaviren (HPV)

Schon vor über 2000 Jahren war eines der klinischen Erscheinungsbilder der Humanen Papillomaviren (HPV) geläufig, nämlich gutartige Tumoren der Haut und der Schleimhaut. Bereits der griechische Arzt Galenos beschrieb die für HPV charakteristischen Genitalwarzen. Allerdings wurde erst 1907 ein Zusammenhang zwischen Warzen und Viren hergestellt, als in Testpersonen mit zellfreien Warzenextrakten neue Warzen induziert werden konnten (4, S.243). 1933 konnte HPV dann erstmalig aus Kaninchen isoliert werden (Q1). Aber erst Harald zur Hausen und seinen Mitarbeitern gelang es 1977 mittels neuer molekularbiologischer Methoden HPV - DNA in Tumorgewebe nachzuweisen, indem die isolierte DNA in bakterielle Vektoren kloniert wurde und nach radioaktiver Markierung als Gensonde eingesetzt wurde (4, S.243). Hierbei kann das verwendete DNA – Fragment dazu genutzt werden, nach einer komplementären DNA – Sequenz im Wirtszellgenom zu suchen und damit HPV in der Zelle bzw. im Gewebe nachzuweisen (1, S.140). Bei Genital – und Hautcarcinomen wurde diesbezüglich ein besonders hoher Anteil an HPV – DNA festgestellt (4, S.243).

4.1 Aufbau

Es existieren über 200 verschiedene Humane Papillomaviren (A), die in kutane („die Haut betreffend") und genitale Typen gegliedert werden können, je nachdem, welches Epithel sie bevorzugt infizieren. Während kutane Typen, die verhornende Haut außerhalb der Genitalien und des Anus infizieren, noch als weitgehend harmlos angesehen werden (4, S.244), können bestimmte genitale Typen Krebs auslösen (A). Dementsprechend kann man die genitalen Viren in zwei Gruppen einteilen, die „high - risk" - Typen und die „low - risk" - Typen (4, S.245). Die „high - risk" - Typen werden mit diversen Carcinomen assoziiert, wohingegen die „low - risk" - Typen nur gutartige Gewebewucherungen wie z.B. Warzen verursachen (A). Alle besitzen ein doppelsträngiges, zirkuläres DNA – Genom, welches von einem (im Gegensatz zu EBV) unbehüllten, ikosaedrischen Kapsid umgeben ist (2, S.77f.). Das Genom, welches für bis zu zehn Proteine kodiert (A), ist in eine frühe Region, eine späte Region und einen Kontrollbereich (URR: „upstream regulatory region") gegliedert (2, S.77 f.). Letzterer hat dabei keine kodierende Funktion, sondern enthält regulatorische Sequenzen, die zur koordinierten Genexpression des Virus nötig sind (4, S.243). Die frühe Region kodiert für Proteine, welche für die virale Replikation essentiell sind, aber auch für die - nur bei den „high - risk" - Typen onkogenen - Proteine E6 und E7. Die Gene der späten Region werden erst im bereits fortgeschrittenen Lebenszyklus des Virus exprimiert und kodieren insbesondere für die Strukturproteine L1 und L2, die das Kapsid bilden (2, S.79).

4.2 Infektion

Durch kleine Wunden oder Abschürfungen können Papillomaviren basale Epithelzellen infizieren (A). Unter normalen Umständen sind nur diese im Epithel teilungsfähig (A). Die weiter oberhalb liegenden, ausdifferenzierteren Epithelschichten können sich nur noch wenig bzw. gar nicht mehr teilen. Nach dem Eintritt des Virus in den Zellkern liegt die HPV – DNA größtenteils extrachromosomal neben der Wirtszell – DNA vor (2, S.80), integriert sich aber hin und wieder auch ins Genom der Zelle (A). Da das Virus im Gegensatz zu EBV keine eigene Polymerase zur Replikation besitzt und fast gänzlich von der Replikationsmaschinerie der Wirtszelle abhängig ist, muss es diese stimulieren (E). Deshalb wird der „frühe" Promotor zur Expression der Gene der frühen Region aktiviert, nachdem sichergestellt wurde, dass es sich bei der infizierten Zelle wirklich um eine Epithelzelle handelt (D). Daraufhin können die Replikationsproteine E1 und E2 exprimiert werden und kleine Mengen viraler DNA entstehen. Bei der Zellteilung einer infizierten Basalzelle werden auch die HPV - Episome repliziert und auf die Tochterzellen verteilt. Eine der Zellen verbleibt in der Basalschicht und kann somit die permanente Zufuhr von neu gebildeten, infizierten Zellen und damit die virale Persistenz gewährleisten. Die andere (ebenfalls infizierte) Zelle wandert in die suprabasalen Schichten und die reguläre Differenzierung wird eingeleitet

(2, S.80). Unter normalen Umständen würden die sich differenzierenden Zellen aus dem Zellzyklus austreten und sich nicht mehr weiter teilen. Jedoch können insbesondere die Proteine E6 und E7 die Zellen zur DNA - Replikation und unbegrenzten Teilung anregen. Dies wird noch dadurch unterstützt, dass mit der Aktivierung des „späten“ Promotors in den sich differenzierenden Zellen auch die Replikationsproteine E1 und E2 stärker exprimiert werden (D). Folglich wird die produktive Phase im viralen Infektionszyklus eingeleitet und das Virusgenom im großen Standard repliziert (2, S.80). In den terminal differenzierten Epithelzellen können nun auch die Proteine L1 und L2 produziert werden, welche die benötigten Kapside zur Verfügung stellen. Anschließend können in den oberen Schichten der Epidermis die fertigen Viruspartikel die Wirtszelle verlassen und neue Zellen infizieren (A). Im Grunde ist also der Lebenszyklus von HPV inklusive der Aktivierung der beiden Promotoren eng verknüpft mit dem Differenzierungsprogramm der Zellen. Eine besondere Bedeutung für die Funktionsfähigkeit des Gewebes spielen die Basalzellen. Die unbedingte Erfordernis von gut gegen äußere Einflüsse geschützten teilungsfähigen Zellen wurde bereits in Abschnitt 1.2.4 erläutert. Aus diesem Grund unterliegen gerade die untersten Schichten des Epithels einer besonderen Überwachung durch das Immunsystem (Q5). Nun wird deutlich, warum Viruspartikel erst in den äußeren Hautschichten gebildet werden. Auf diese Weise kann das Virus einer robusten Immunantwort entgehen, die bei einer zu frühen extensiven DNA - Replikation und Produktion von Virusnachkommen auftreten würde und das Virus eliminieren könnte.

4.3 Transformation durch HPV

Die Fähigkeit von Papillomaviren menschliche Epithelzellen zu transformieren beruht darauf, dass sich differenzierende Zellen dazu gezwungen werden wieder in den Zellzyklus einzutreten und sich weiter zu vermehren. Ausgelöst durch die unkontrollierte Expression der Virusproteine E6 und E7 können sich die betroffenen Wirtszellen nicht nur unbegrenzt teilen (Immortalisierung), sondern sie werden auch transformiert. Dies führt, abhängig davon, ob es sich um einen „low - risk“ - oder einen „high - risk“ - Typ von HPV handelt, entweder nur zu gutartigen Tumoren und Warzen oder aber zu malignen Tumoren wie dem Cervixcarcinom (Gebärmutterhalskrebs) (2, S.105). Letzteres tritt vor allem auf, wenn sich das Virusgenom zufällig in das Wirtszellgenom integriert. Das liegt daran, dass bei der Virusintegration die Funktion des E2 – Proteins verloren geht, welches im funktionsfähigen

Zustand nicht nur die virale Replikation ankurbelt, sondern auch die Expression der E6 – und E7 – Gene reguliert. Außerdem sind womöglich die Transkriptionsprodukte von E6 und E7 stabiler, wenn die Gene integriert im Wirtszellgenom vorliegen. Allerdings ist bis heute nicht eindeutig geklärt, ob die Integration ins Wirtszellgenom zu der auftretenden genetischen Instabilität führt oder andersherum (B). Bei nicht integriertem HPV – Genom kann trotzdem Gebärmutterhalskrebs auftreten, wenn beispielsweise Mutationen an der Bindestelle des frühen Promotors die Bindung von E2 verhindern. Auch in diesem Fall kann E2 nicht mehr die Transkription von E6 und E7 überwachen. Nun kommen wir aber dazu, wieso die beiden Proteine eine so entscheidende Rolle bei der Transformation einer Zelle spielen. Im Folgenden werden deshalb die Interaktionen von E6 und E7 mit Wirtszellproteinen untersucht.

4.3.1 Das „high - risk“ E6 - Protein

Das E6 - Protein besteht aus ungefähr 150 Aminosäuren und hat transformierende Wirkung. So können „high - risk“ E6 - Proteine in Mäusen maligne Hauttumoren hervorrufen. E6 ist vor allem in der Lage, den Abbau von p53 zu induzieren. Das Onkoprotein lässt den Tumorsuppressor so kennzeichnen, dass dieser deshalb abgebaut wird. Außerdem wird durch mehrere andere indirekte Interaktionen mit p53 dessen Aktivität zusätzlich eingeschränkt. Wie bereits erwähnt, trägt der Ausfall eines Tumorsuppressors entweder direkt zur malignen Transformation bei oder begünstigt zumindest genetische Instabilität, was in Mutationen und damit Tumorbildung resultieren kann. Mutationen häufen sich dadurch an, dass aufgrund der p53 - Inaktivierung bei Kontakt mit DNA - schädigenden Agenzien keine Proliferationshemmung oder Apoptose mehr einsetzt. Eine weitere wichtige Eigenschaft von „high - risk“ E6 ist die Aktivierung des Enzyms Telomerase (2, S.107 ff.). In Abschnitt 1.3.2 sind wir schon näher auf die sukzessive Verkürzung der Telomere bei jeder Zellteilung eingegangen. Die Telomerase jedoch ist in der Lage die Telomere wieder zu verlängern. Dies ist eine wichtige Voraussetzung für eine lang andauernde Teilungsfähigkeit der Zelle und liefert einen essentiellen Beitrag zu deren Immortalisierung. Die Bedeutung der Telomerase für die Tumorbildung wird auch dadurch deutlich, dass ungefähr 85 % aller menschlichen Tumorzellen eine aktivierte Telomerase besitzen (5, S.203 ff.).

4.3.2 Das „high - risk“ E7 - Protein

Das E7 Protein von „high - risk“ HPV hat eine Länge von ungefähr 100 Aminosäuren und induziert zusammen mit E6 entscheidend die Transformation der Wirtszelle. Es ist fähig mit vielen Proteinen zu interagieren, insbesondere mit dem Retinoblastom-Protein (Rb), das ebenso wie p53 tumorsuppressive Wirkung besitzt. Rb spielt eine wichtige Rolle in der Zellzykluskontrolle, insbesondere reguliert es den Übergang in die Synthesephase des Zellzyklus (2, S.109 f.). Wenn es durch E7 inaktiviert wird, repliziert die Zelle auch beschädigte DNA und kann unkontrolliert proliferieren. Allerdings ist die Deaktivierung von Rb nur dann wirksam, wenn gleichzeitig auch p53 ausgeschaltet wird, da dieses sonst den Übergang in die S-Phase verhindern würde (4, S.244). „High - risk“ E7 bindet an Rb nicht nur mit höherer Affinität als der „low - risk“ - Typ, es ist auch im Gegensatz zu zweiterem in der Lage den Abbau von Rb zu induzieren. Dabei ist eine einzige verschiedene Aminosäure in der Rb – Bindedomäne von „high-risk“ und „low - risk“ E7 – Proteinen für den Affinitätsunterschied und damit den Unterschied in der Transformationsfähigkeit verantwortlich (2, S.109 f.). 2005 wurde allerdings überraschenderweise festgestellt, dass E7 auch unabhängig von der Rb - Inaktivierung Gebärmutterhalskrebs auslösen kann und dessen Inaktivierung alleine in Mäusen nicht ausreicht, um Krebs zu induzieren (2, S.111). Einige andere Interaktionen von E7 mit Proteinen einschließlich zahlreicher Transkriptionsfaktoren scheinen ebenfalls eine bedeutende Rolle bei der zellulären Transformation spielen, sind aber im Gegensatz zu der Wechselwirkung von E7 und Rb noch wenig erforscht. Vor vier Jahren konnte aber beispielsweise nachgewiesen werden, dass E7 die Aktivität des Enzyms Methyltransferase erhöht, welches Basen der DNA methylieren kann. Es wird vermutet, dass dadurch Tumorsuppressorgene epigenetisch stillgelegt werden können (2, S.112).

Zusammenfassend lässt sich sagen, dass die Onkoproteine E6 und E7 die entscheidende Rolle bei der Transformation der Wirtszelle und damit der Carcinogenese spielen. Dies erreichen sie durch Störung der Zellzykluskontrolle, wodurch sich auch beschädigte Zellen teilen können. Aus diesem Grund ist es möglich, dass sich Mutationen und Chromosomenaberrationen anhäufen, die dann zur Ausbildung eines malignen Tumors führen können. Unterstützend wird genetische Instabilität auch dadurch befördert, dass „high - risk“ HPV DNA - Reparaturwege hemmt und zudem „high - risk“ E7 die Zentrosomensynthese stören kann. Zentrosomen sind zur Ausbildung des mitotischen Spindelapparats notwendig und dessen Fehlbildung kann wie bereits erwähnt zu numerischen Chromosomenaberrationen führen (2, S.115).

4.4 HPV und Gebärmutterhalskrebs

Gebärmutterhalskrebs, auch Cervixcarcinom genannt, ist weltweit (nach Brustkrebs) der zweithäufigste Krebs bei Frauen (A). Die Infektion mit „high - risk" HPV ist dabei eine notwendige Voraussetzung für die Ausbildung eines malignen Tumors (B). So enthalten 99 % der Cervixcarcinome „high - risk" HPV – DNA (2, S.75). Besondere Bedeutung kommt hierbei den HPV – Typen 16 und 18 zu, die zusammen für ungefähr 70 % der Carcinome des Gebärmutterhalses verantwortlich sind. Die „high - risk" - Typen, vor allem HPV 16, sind in der Bevölkerung weit verbreitet (C). Unter jungen Erwachsenen sind nach ungefähr zwei Jahren sexueller Aktivität bis zu zwei Drittel im analen oder genitalen Bereich mit HPV infiziert (D). Normalerweise klingen HPV – Infektionen nach 12 – 36 Monaten ab, wahrscheinlich aufgrund einer robusten Immunantwort. Doch bei manchen Frauen gelingt es dem Immunsystem nicht die Erreger zu entfernen und das Virus kann persistieren (2, S.76). Als Folge können sich sogenannte Zervikale Intraepitheliale Neoplasien (CIN) ausbilden, die je nach Schweregrad in die Stadien I – III eingeteilt sind. Die Klassifikation beruht auf der Verbreitungsrate von Veränderungen in der Gewebestruktur des Epithels. Die Gewebeanomalien bei CIN I und zum Teil CIN II können meist noch als direkte Folgen der produktiven Virusinfektion gesehen werden und entwickeln sich nur selten zu einem Carcinom (B). Das sieht man auch daran, dass diese Gewebeveränderungen unter jungen Menschen weit verbreitet sind. Es sind also noch weitere Aberrationen auf zellulärer Basis zur Ausbildung von Gebärmutterhalskrebs nötig (2, S.76). In der Tat werden in vielen Zellen bei CIN II und insbesondere bei CIN III die Onkoproteine E6 und E7 in erhöhtem Maß exprimiert, eine Folge der Integration des Virusgenoms in das der Wirtszelle (siehe Abschnitt 4.3 und Abb. 4.1). Damit sind die Voraussetzungen für eine weiterführende, maligne Progression gegeben. Vor diesem Hintergrund entspricht CIN III bereits einem „Carcinoma in situ", also einem lokal begrenzten Krebsherd (B). Das eigentliche Cervixcarcinom bildet sich durchschnittlich erst 12 – 15 Jahre nach anfänglicher Infektion.

Neben dem Gebärmutterhals können auch weitere Genitalbereiche und der Anus ein HPV – assoziiertes Carcinom entwickeln (A). In 70 % der Analcarcinome konnte „high - risk" HPV nachgewiesen werden (2, S.75). Weiterhin wird angenommen, dass etwa 20 % der Kopf – Hals – Tumoren auf eine HPV – Infektion zurückzuführen sind. „Allerdings ist der Zusammenhang zwischen Kanzerogenese und HPV - Infektion nicht so eindeutig wie beim Zervixcarcinom" (F).

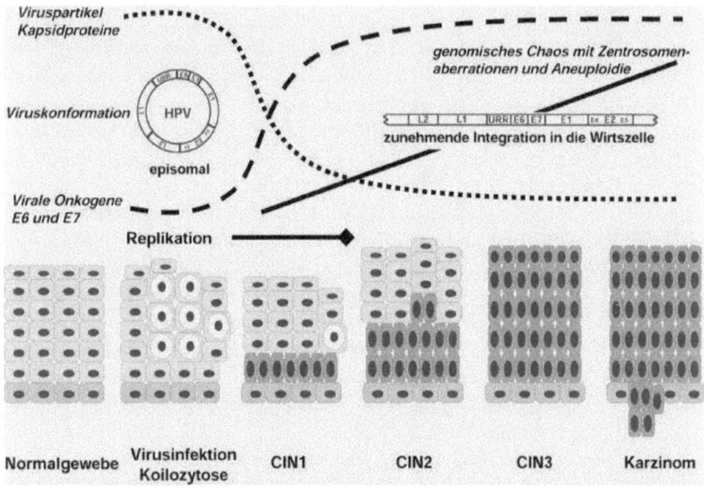

Abbildung 4.1: Carcinogenese von HPV - assoziiertem Gebärmutterhalskrebs. Helle Zellen repräsentieren normales Epithel, Zellen mit weißem Ring sind durch HPV - Infektion veränderte Zellen (Koilozyten), und dunkle Zellen verkörpern missgebildetes Epithel. Zunächst findet eine normale Virusinfektion statt, wobei dann mit zunehmender Integration von HPV - Genomen die Expression von Onkogenen ansteigt und langfristig zu einem Carcinom führt.

Schlussgedanke

Eine jede Generation steht vor neuen Herausforderungen. Und so ist es sicherlich ein großes Anliegen unserer Zeit, bei gestiegener Lebenserwartung und gleichzeitig gewachsenen Ansprüchen an die Lebensqualität auch im hohen Alter die „Geißel unseres Jahrhunderts", die Krebserkrankungen, die so unendlich viel Leid über Menschen bringen, medizinisch eindämmen oder sogar kontrollieren zu können. Bei aller Ehrfurcht vor den Grenzen des „Machbaren" und dem Respekt vor der Endlichkeit unseres Lebens meine ich doch, dass wir – meine Generation – diese Herausforderung annehmen sollten.

An meinem Hausarbeitsthema interessiert mich insbesondere die Forschungsnähe und der interdisziplinäre Ansatz, der Humanmedizin und Biologie verbindet, was in der Art der Bearbeitung und Schwerpunktsetzung der vorliegenden Arbeit ja auch zum Ausdruck kommt. Außerdem handelt es sich bei der viralen Carcinogenese und der Krebsentstehung im Allgemeinen um ein sehr dynamisches Forschungsgebiet, welches längst noch nicht zur Ruhe gekommen ist und noch viele Forschungsthemen bereithält.

Die Beschäftigung mit diesem Thema hat zu einer intensiven Auseinandersetzung mit den molekularen Grundlagen und Mechanismen der Carcinogenese geführt, die mich angesichts der Komplexität der Materie herausgefordert und gepackt hat. Am Ende der Hausarbeit angekommen, stelle ich fest, dass sich mehr Fragen eröffnet haben, als ich sie mir mit dieser Arbeit beantworten konnte. So hat meine Neugierde weitere Nahrung bekommen und ich werde sicherlich auch über die Schulzeit hinaus mein Interesse an der Erforschung von Krebs aktiv weiterverfolgen.

Literaturverzeichnis

Fachliteratur

[1] STRYER, L. ET AL.: *Biochemistry.* New York, 2006.

[2] DAMANIA, B. PIPAS, J.: *DNA Tumor Viruses.* New York, 2009.

[3] DIMMOCK, N. ET AL.: *Introduction to Modern Virology.* Oxford, 2006.

[4] HIDDEMANN, W. ET AL.: *Die Onkologie, Teil 1.* Heidelberg, 2004.

[5] KNIPPERS, R.: *Molekulare Genetik.* Stuttgart, 2001.

[6] KÖNIGSHOFF, M. BRANDENBURGER, T.: *Kurzlehrbuch Biochemie.* Stuttgart, 2007.

[7] WEINBERG, R.: *The Biology of Cancer.* New York, 2007.

Publikationen

[A] PSYRRI A, DIMAIO D.: Human papillomavirus in cervical and head-and-neck cancer. *Nat. Clin. Pract. Oncol.* 2008;5:24-31.

[B] PETER JF SNIJDERS, RENSKE DM STEENBERGEN, DANIËLLE AM HEIDEMAN, CHRIS JLM MEIJER.: HPV-mediated cervical carcinogenesis: concepts and clinical implications. *J Pathol.* 2006;208:152-164.

[C] ZUR HAUSEN H.: Papillomaviruses and cancer: from basic studies to clinical application. *Nat Rev Cancer.* 2002;2:342-50.

[D] HEBNER CM, LAIMINS LA.: Human papillomaviruses: basic mechanisms of pathogenesis and oncogenicity. *Rev Med Virol.* 2006;16:83-97.

[E] DAMANIA B.: DNA tumor viruses and human cancer. *Trends Microbiol.* 2007;15:38-44.

[F] WENTZENSEN N, VON KNEBEL DOEBERITZ M.: Virale Kanzerogenese von Kopf-Hals-Tumoren. *D Pathol.* 2003;25:21-30.

[G] YOUNG LS, RICKINSON AB.: Epstein-Barr virus: 40 years on. *Nat Rev Cancer.* 2004;4:757-68.

[H] THOMPSON M P, KURZROCK R.: Epstein-Barr Virus and Cancer. *Clin Cancer Res.* 2004;10,803–821.

[I] THORLEY-LAWSON DA, ALLDAY MJ.: The curious case of the tumour virus: 50 years of Burkitt´s lymphoma. *Nat Rev Microbiol.* 2008;6:913-24.

[J] PERERA S, BAPAT B.: Genetic Instability in Cancer. *Atlas Genet Cytogenet Oncol Haematol.* 2007.

[K] KNIGHT JS, SHARMA N, ROBERTSON ES.: Epstein-Barr virus latent antigen 3C can mediate the degradation of the retinoblastoma protein through an SCF cellular ubiquitin ligase. *Proc Natl Acad Sci.* 2005;102:18562-6.

[L] ADAMS JM, STRASSER A.: Is Tumor Growth Sustained by Rare Cancer Stem Cells or Dominant Clones? *Cancer Res.* 2008;68:4018-21.

[M] CARRILLO-INFANTE C, ABBADESSA G, BAGELLA L, GIORDANO A.: Viral infections as a cause of cancer. *Int J Oncol.* 2007;30:1521-8.

[N] KREMSDORF D, SOUSSAN P, PATERLINI-BRECHOT P, BRECHOT C.: Hepatitis B virus-related hepatocellular carcinoma: paradigms for viral-related human carcinogenesis. *Oncogene.* 2006;25:3823-33.

[O] ELGUI DE OLIVEIRA D.: DNA viruses in human cancer: an integrated overview on fundamental mechanisms of viral carcinogenesis. *Cancer Lett.* 2007;247:182-96.

[P] Neue Strategien gegen Krebs *Spektrum Dossier* 3/2009.

Vielen Dank an dieser Stelle an die Abteilung von Prof. Jentsch am Max - Planck - Institut für Biochemie in Martinsried, welche mir den Zugang zu den Publikationen ermöglichte.

Internetquellen

[Q1] http://academic.evergreen.edu/curricular/viruses/2005viruses/presentations/Teresa_Dealla_HPV.ppt *(5.9.2009)*

[Q2] http://info.cancerresearchuk.org/cancerstats/causes/infectiousagents/epsteinbarrvirus/index.htm *(7.11.2009)*

[Q3] http://seer.cancer.gov/statfacts/html/hodg.html *(18.12.2009)*

[Q4] http://www.klinikum.uni-heidelberg.de/fileadmin/inst_hygiene/virologie/vorlesungen/bio2007/RNAViren07.pdf *(21.1.2010)*

[Q5] http://www.klinikum.uni-heidelberg.de/fileadmin/inst_hygiene/molekulare_virologie/PDF/SS07/ss07_13_latenz_persistenz_reaktivierung.pdf *(22.1.2010)*

[Q6] http://www.medizinische-fakultaet-hd.uni-heidelberg.de/fileadmin/inst_hygiene/virologie/vorlesungen/Persistenz07.pdf *(22.1.2010)*

Abbildungsverzeichnis